Diese Mitteilungen setzen eine von Erich Regener begründete Reihe fort, deren Hefte am Ende dieser Arbeit genannt sind.

Bis Heft 19 wurden die Mitteilungen herausgegeben von J. Bartels und W. Dieminger. Von Heft 20 an zeichnen W. Dieminger, A. Ehmert und G. Pfotzer als Herausgeber.

Das Max-Planck-Institut für Aeronomie vereinigt zwei Institute, das Institut für Stratosphärenphysik und das Institut für Ionosphärenpyhsik.

Ein **(S)** oder **(I)** beim Titel deutet an, aus welchem Institut die Arbeit stammt.

Anschrift der beiden Institute:

3411 Lindau

ÜBER EINE BALLONSONDE FÜR POLARLICHTMESSUNGEN
UND ÜBER DEN VERGLEICH VON
POLARLICHTEMISSIONEN, RÖNTGENSTRAHLEN
UND IONOSPHÄRISCHEN ABSORPTIONEN

von

KLAUS RICHTER

ISBN 978-3-540-05338-5   ISBN 978-3-642-88544-0 (eBook)
DOI 10.1007/978-3-642-88544-0

Inhaltsverzeichnis

1. Einleitung 5

2. Die Flugeinheit und die Bodengeräte 7

3. Das optische System der Polarlichtsonde 10
   - 3.1 Der Aufbau des optischen Systems der Polarlichtsonde 12
   - 3.2 Die Berechnung des Profils der Plexiglaslinse 14
   - 3.3 Der Geometriefaktor des optischen Systems 15
   - 3.4 Die Empfindlichkeit des Photomultipliers XP 1002 19

4. Die Messungen 21
   - 4.1 Der Aufstieg K 25/68 vom 21./22. 9. 1968 23
   - 4.2 Der Aufstieg K 13/69 vom 15./16. 9. 1969 24
   - 4.3 Der Aufstieg K 19/69 vom 6./ 7.10. 1969 27
   - 4.4 Der Aufstieg K 16/69 vom 23./24. 9. 1969 29
   - 4.5 Die Bodenmessungen 30
   - 4.6 Andere veröffentlichte Messungen 32

5. Die Meßergebnisse und ihre Bedeutung für das Energiespektrum der in die Atmosphäre einfallenden Elektronen 33

6. Zusammenfassung 36

   Summary 37

7. Literaturverzeichnis 39

8. Anhang 41
   - 8.1 Die Elektronik der Polarlichtsonde 41
   - 8.2 Der Aufbau der Polarlichtsonde 42
   - 8.3 Die optischen Systeme des Bodenphotometers 43

1. Einleitung

Solare Plasmawolken, die auf die Magnetosphäre der Erde treffen, verursachen in polaren Breiten eine Anzahl geophysikalischer Phänomene. Hierzu gehören die Polarlichterscheinungen [AKASOFU, 1965 (zusammenfassende Darstellung)], Röntgenstrahlungseinbrüche, die man mit Ballonen in 30 - 35 km Höhe messen kann [MEREDITH et al., 1955; PFOTZER et al., 1962], bayartige geomagnetische Störungen [KREMSER, 1964] sowie eine zusätzliche Absorption der kosmischen Radiostrahlung.

Aufgrund der Häufigkeit und der räumlichen und zeitlichen Struktur dieser geophysikalischen Erscheinungen unterscheidet man heute zwei Gebiete, in denen sie auftreten, die Polarlichtzone und das Polarlichtoval. Die Polarlichtzone ist ein um den geomagnetischen Pol nahezu zentrierter Ring, in dem hauptsächlich morgens länger anhaltende strukturlose Erscheinungen auftreten. Das Intensitätsmaximum liegt im statistischen Mittel bei 67° geomagnetischer Breite. Unter dem Polarlichtoval versteht man einen schmalen, ovalen Bereich, dessen Zentrum ungefähr um 3° von dem geomagnetischen Pol zur Nachtseite hin verschoben ist. Längs dieses Ovals beobachtet man besonders um Mitternacht bei hinreichend großen geomagnetischen Störungen Polarlichtbögen, aus denen sich die aktiven, d.h. die schnell bewegten und mit Strahlenstrukturen gekennzeichneten Polarlichtformen entwickeln. Im Mitternachtssektor überdecken sich die Polarlichtzone und das Polarlichtoval.

Die in den Polarlichtgebieten etwa 1 - 3 Std. dauernden Phänomene nennt man polare Teilstürme und bezeichnet sie im einzelnen als polare magnetische Teilstürme, Polarlichtteilstürme, Röntgenstrahlungsteilstürme und Ionosphärenteilstürme [SEILER und KERTZ, 1967]. AKASOFU [1968] definierte als umfassendes Elementarereignis den magnetosphärischen Teilsturm.

Aus Satelliten- und Raketenmessungen [O'BRIEN et al., 1964; WHALEN et al., 1969] folgert man, daß die polaren Teilstürme im wesentlichen durch Elektronen hervorgerufen werden, die auf Spiralbahnen entlang der magnetischen Feldlinien in der Nähe der Grenze des äußeren Strahlungsgürtels in die Erdatmosphäre gelangen. Dabei können neben dem Hauptanteil der niederenergetischen Elektronen (E < 30 keV) auch Elektronen mit Energien von 100 keV und mehr auftreten. Es ist bis heute noch nicht vollständig geklärt, welcher Quelle die Elektronen diese Energien entnehmen.

Eventuell aus dem Strahlungsgürtel ausgefällte, energetische Elektronen können einen Beitrag liefern, dieses Reservoir reicht aber nicht aus, um die beobachteten größeren Flüsse der in die Atmosphäre einfallenden energetischen Elektronen zu speisen [O'BRIEN, 1962; O'BRIEN und TAYLOR, 1964]. Da andererseits solche energetischen Elektronen nicht in solaren Plasmawolken vorkommen, [NEUGEBAUER und SNYDER, 1962] folgert man, daß die Elektronen in der Magnetosphäre beschleunigt werden müssen. Eine Möglichkeit für die Beschleunigung wird von WILHELM und KREMSER [1970] diskutiert.

Eine wertvolle Hilfe für die Aufklärung von Beschleunigungsmechanismen, die gegebenenfalls in komplexer Art und Weise miteinander gekoppelt sein können, ist die Kenntnis der Änderungen des Energiespektrums der einfallenden Elektronen während polarer Teilstürme.

Das Energiespektrum der einfallenden Elektronen kann direkt mit Hilfe von Raketen und Satelliten gemessen werden. Raketenmessungen haben aber den Nachteil, daß die Meßzeiten nur einige Minuten betragen. Bei Satellitenmessungen sind wegen der hohen Geschwindigkeit der Flugeinheit ebenfalls nur kurzzeitige Messungen über einem begrenzten Gebiet möglich. Dabei können zeitliche und räumliche Variationen der geophysikalischen Erscheinungen oft nicht voneinander getrennt werden.

Indirekte Abschätzungen von Variationen des Energiespektrums einfallender Elektronen während mehrerer Stunden über praktisch demselben Ort sind aber bei gleichzeitigen Messungen von Polarlichtemissionen und Röntgenstrahlen mit Hilfe von Ballonaufstiegen möglich, da diese beiden Erscheinungen von

2.

Elektronen sehr verschiedener Energiebereiche hervorgerufen werden. Sichtbare Polarlichter werden hauptsächlich von Elektronen mit Energien von 1 - 10 keV erzeugt, Röntgenstrahlen dagegen von Elektronen mit Energien von 30 - 200 keV und mehr. Ein weiterer Indikator für einfallende Elektronen mit Energien oberhalb 30 keV ist die Zunahme der Absorption der kosmischen Radiostrahlung bei etwa 30 MHz. Diese Absorption wird in dieser Arbeit mit Absorption, ionosphärischer Absorption oder mit CNA (<u>c</u>osmic <u>n</u>oise <u>a</u>bsorption) bezeichnet. Sie wird vom Boden aus mit einem Riometer (<u>r</u>elative <u>i</u>onospheric <u>o</u>pacity <u>meter</u>) [LITTLE et al., 1959] gemessen.

Diese Möglichkeit, aus gleichzeitigen Messungen von Polarlichtemissionen, Röntgenstrahlen und CNA Rückschlüsse auf Änderungen des Energiespektrums der einfallenden Elektronen während Polarlichtteilstürme zu ziehen, gaben den Anlaß, eine Polarlichtsonde zu entwickeln und solche Simultanmessungen durchzuführen.

Bei diesen Messungen ist es wichtig, daß diejenigen Polarlichtemissionen gemessen werden, die sich über dem Öffnungswinkel der Ballonsonde zur Messung von Röntgenstrahlen befinden. Das läßt sich am besten verwirklichen, wenn das Polarlichtphotometer und die Sonde zur Messung von Röntgenstrahlen als eine starr zusammengekoppelte Nutzlast mit einem Ballon geflogen werden. Eine andere Möglichkeit, das Gesichtsfeld der Röntgenstrahlungssonde vom Boden aus mit einem Photometer abzutasten, ist ungünstig, da der Ballon beim Erreichen der Gipfelhöhe meistens schon 50 km und mehr abgetrieben ist. Außerdem sind Messungen mit einem Bodenphotometer nur bei klarem Himmel möglich, das ist aber häufig nicht der Fall. Sie sind jedoch zur Ergänzung von Ballonmessungen gut zu gebrauchen.

Für diese Messungen wurde eine neuartige Polarlichtsonde zum Einsatz mit Ballonen und ein Bodenphotometer entwickelt. Das neuartige der Ballonsonde besteht darin, daß die Richtungsempfindlichkeit des optischen Systems derjenigen der bereits entwickelten Röntgenstrahlungssonde [SAEGER et al., 1968] mit einem vollen Öffnungswinkel von $100°$ angepaßt ist. Das optische System der Polarlichtsonde steht daher im Mittelpunkt des ersten Teils dieser Arbeit.

Mit diesen Polarlicht- und Röntgenstrahlungssonden sind im Herbst 1968 und im Herbst 1969 Ballonaufstiege durchgeführt worden, bei denen Polarlichtemissionen von N_2^+ bei $\lambda = 3914$ Å und Röntgenstrahlung gemessen wurden. Diese Messungen, die durch Bodenregistrierungen von Polarlichtemissionen und CNA ergänzt wurden, bilden den zweiten Teil dieser Arbeit. Sie dienen zur Untersuchung der zeitlichen Variationen des Energiespektrums der einfallenden Elektronen.

2. Die Flugeinheit und die Bodengeräte

Abb. 1 zeigt schematisch die gesamte Ballonaufhängung mit der Flugeinheit. Die Polarlichtsonde, die zur Messung von Polarlichtemissionen bei $\lambda = 3914$ Å dient und die Szintillatorsonde [SAEGER et al., 1968] zur Messung von Röntgenstrahlen sind zu einer Flugeinheit zusammengekoppelt. Die Nutzlast enthält außerdem einen Druck- und Temperaturmesser sowie einen Empfänger, über den auf der Basis von Laufzeitmessungen die Entfernung des Ballons von der Bodenstation bestimmt wird. Zusammen mit der Antennenanpeilung kann daher der Ballon geortet werden. Aus Sicherheitsgründen kann über den in der Sonde eingebauten Empfänger außerdem eine Abschmelzvorrichtung betätigt werden, welche die Nutzlast vom Ballon trennt. Die Flugeinheit schwebt dann an einem Fallschirm zu Boden. Die Reißleine, die am Ballon angeschweißt ist, bleibt dabei mit der Nutzlast verbunden und zerstört den mit Wasserstoff gefüllten Ballon. Bei fehlendem Funkkontakt wird die Abschmelzvorrichtung automatisch etwa 1/2 Stunde nach der letzten Funkverbindung gezündet.

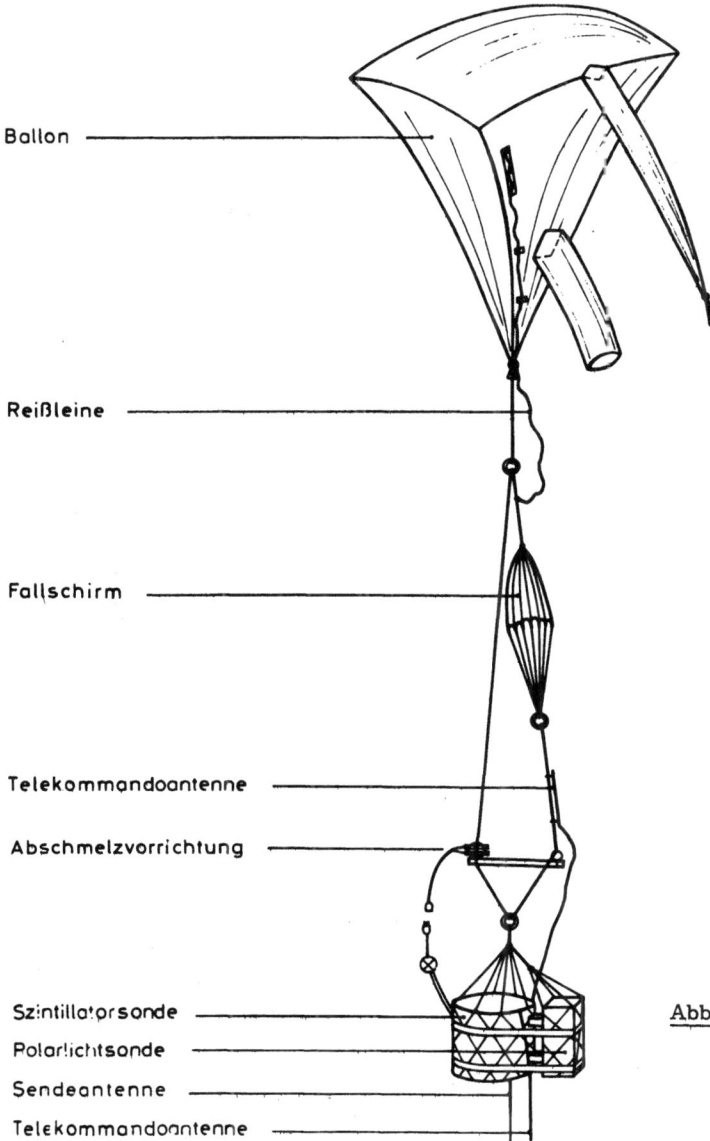

Abb. 1: Die Flugeinheit und die gesamte Ballonaufhängung. Aus technischen Gründen wurde der Ballon sehr viel kleiner gezeichnet, als es den tatsächlichen Proportionen entsprechen würde.

Das Blockschaltbild der Flugeinheit ist in Abb. 2 dargestellt. Ein optisches System und der darunter befindliche Photomultiplier XP 1002 der Firma VALVO bilden die Polarlichtmeßeinheit. Der Anodenstrom des Photomultipliers wird mittels einer Glimmröhrenkippschaltung in Impulse umgewandelt, wobei die Impulsfolgefrequenz der Stärke des Anodenstroms proportional ist. Das optische System der Polarlichtsonde wird in dem nächsten Kapitel eingehend behandelt. Ein ausführliches Schaltbild der Elektronik dieser Sonde und eine kurze Beschreibung des Sondenaufbaues befinden sich im Anhang dieser Arbeit.

Die Messung der Röntgenstrahlung erfolgt mit Hilfe eines mit Thallium dotierten NaJ-Szintillators in Verbindung mit dem Photomultiplier RCA 6199. Die Höhe der Ausgangsimpulse dieser Einheit hängt ab von der Energie der auf den NaJ-Szintillator auftreffenden Röntgenstrahlen. Diese Impulse werden verstärkt und über Diskriminatoren 5 verschiedenen Energiekanälen zugeführt. So gelangen z.B. in den 25 keV Kanal Impulse, die von Röntgenstrahlen erzeugt werden, deren Energien größer als 25 keV sind [SAEGER et al., 1968].

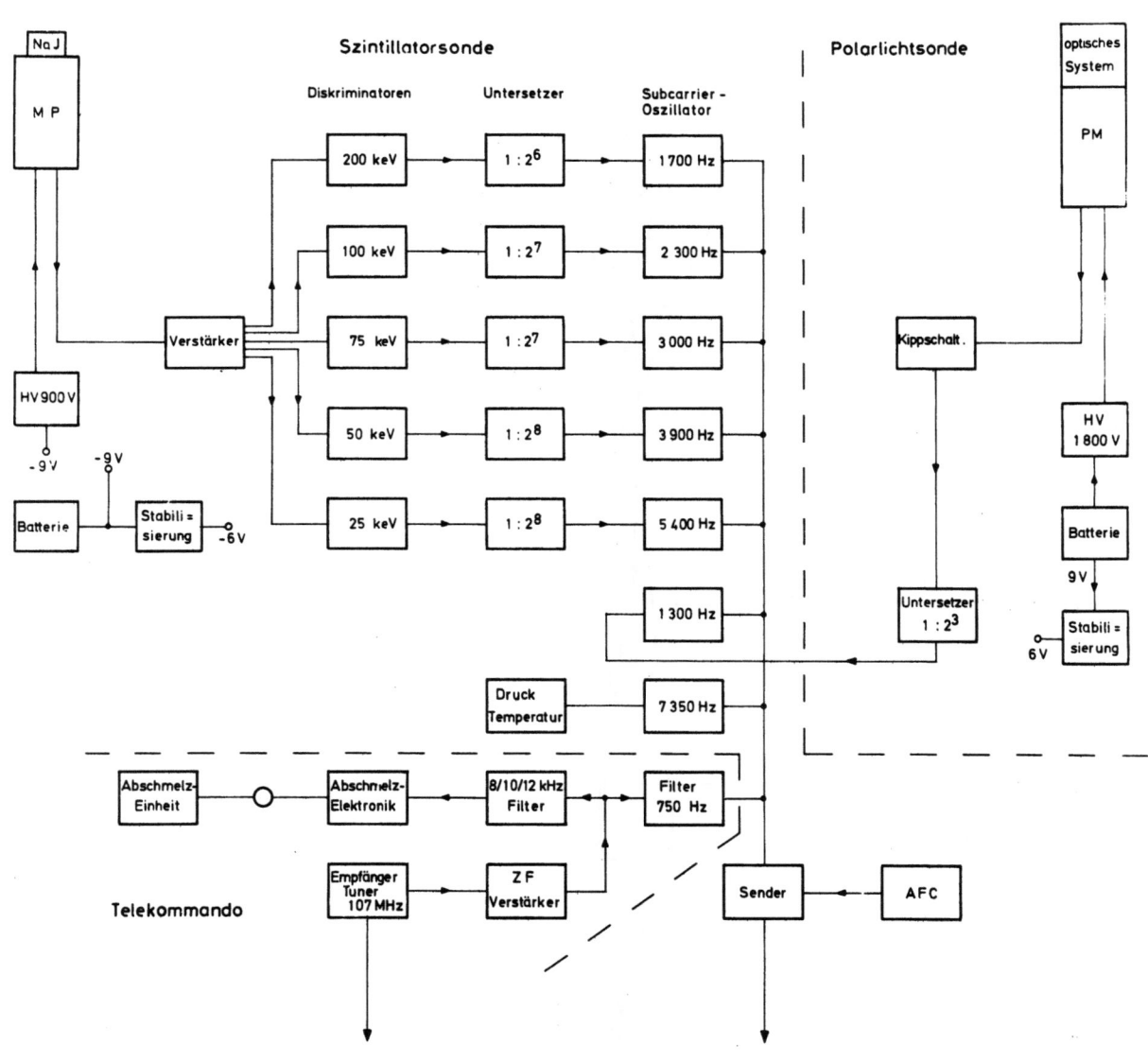

Abb. 2: Das Blockschaltbild der Flugeinheit.

Die 5 Energiekanäle der Szintillatorsonde und der Polarlichtkanal sind je Kanal mit digitalen Zählern, Untersetzereinheiten, verbunden, deren Ausgangsspannungen zwei verschiedene Werte annehmen können. Nach einer gewissen Anzahl von Impulsen ändern sich diese Spannungen und schalten die den Zählern zugeordneten Subcarrieroszillatoren (SCO) verschiedener Frequenzen ein bzw. aus. Mit dem Gemisch dieser Unterträgerschwingungen wird der Sender moduliert.

Ein weiterer Kanal dient der Übertragung der Druck- und Temperaturmeßdaten. Schließlich ist noch ein Kanal für die Telekommando-Entfernungsmessung vorgesehen.

Am Boden wird das empfangene Frequenzgemisch zunächst mit einem Tonband aufgenommen und dann bei der Auswertung wieder mit Filtern getrennt.

Neben Ballonmessungen wurden bei wolkenlosem Himmel Bodenregistrierungen von Polarlichtemissionen und ionosphärischen Absorptionen (CNA) vorgenommen. In Abb. 3 ist das Blockschaltbild des Bodenphotometers dargestellt, das zu diesen Simultanmessungen und auch zu andersartigen Messungen, bei denen Winkelauflösungen gefordert waren, gebaut wurde.

Die Meßeinheit besteht aus zwei dreh- und schwenkbaren Photometern zur Registrierung von Polarlichtemissionen von N_2^+ bei $\lambda = 3914$ Å und von [OI] bei $\lambda = 6300$ Å. Die optischen Systeme mit vollen Öffnungswinkeln von $10°$ werden im Anhang dieser Arbeit skizziert, ebenso wie die Elektronik der Meßeinheit des Bodenphotometers, die sich kaum von der der Polarlichtsonden unterscheidet. Die von den Photomultipliern XP 1002 kommenden Anodenströme werden wie bei der Polarlichtsonde mit Hilfe von Glimmröhrenkippschaltungen in Impulse umgewandelt.

Die von der Meßeinheit kommenden Impulse werden mit Hilfe zweier Ratemeter in Ströme umgesetzt, die mit 2 Schreibern registriert werden. Der Einsatz von Gleichstromverstärkern bringt hier keine Vorteile, da die Anodenströme mit einfachen Glimmröhrenkippschaltungen in Impulse umgewandelt werden können. Außerdem besteht die Möglichkeit einer digitalen Registrierung schnell variierender Polarlichtémissionen auf Tonband. Dazu werden die Impulse Untersetzereinheiten zugeführt, deren Ausgänge Tonfrequenzgeneratoren ein- bzw. ausschalten. Das Frequenzgemisch wird mit einem Tonband aufgenommen.

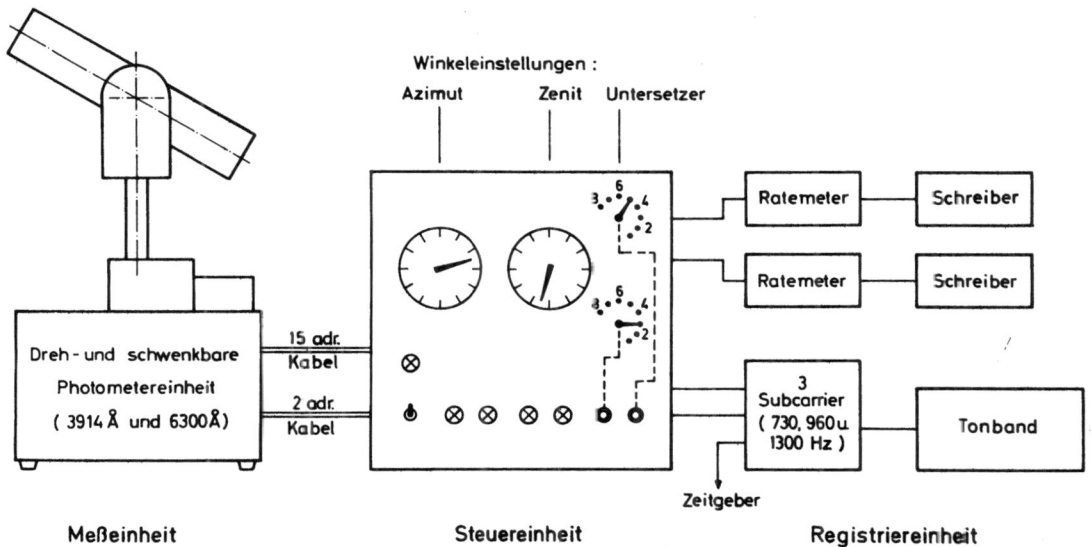

Abb. 3 : Das Blockschaltbild des Bodenphotometers.

Die Meßeinheit ist mit einem 50 m langen Kabel mit der Steuereinheit verbunden. An diesem Gerät werden die gewünschten Zenit- und Azimutwinkeleinstellungen vorgenommen. Nachlaufsysteme der Firma Novotechnik steuern dann 2 Elektromotoren, die die Photometer in die geforderte Ausrichtung bringen.

Bei den Bodenmessungen in Kiruna wurde hauptsächlich Wert darauf gelegt, Polarlichtemissionen und CNA zu vergleichen. Die Photometer wurden daher ebenso wie die benutzte Drei-Element Yagi Antenne der Riometeranlage des Geophysikalischen Observatoriums in Kiruna senkrecht nach oben ausgerichtet.

3. Das optische System der Polarlichtsonde

Bei Simultanmessungen von Polarlichtemissionen und Röntgenstrahlen ist es wichtig, daß die richtungsabhängige Empfindlichkeit der Photometersonde derjenigen der Szintillatorsonde angepaßt ist.

Die Richtungsabhängigkeit der Szintillatorsonde bezüglich der in etwa 90 km Höhe erzeugten Röntgenstrahlung wird gebildet aus der Richtungsabhängigkeit der Detektoreinheit der Szintillatorsonde selbst [CARIUS, 1969] und aus der für verschiedene Einfallswinkel unterschiedlichen Absorption der Röntgenstrahlung durch die Luftschichten über dem Ballon. Unter Verwendung der von CARIUS gemessenen Richtungsabhängigkeit der Empfindlichkeit der Szintillatorsonde und der von WHITE [1952] (Abb. 4) angegebenen Extinktions- und Absorptionskoeffizienten wurde für Röntgenstrahlen der Energie E = 100 keV und für eine Höhe, die einem Druck von 10 mb entspricht, die Richtungsabhängigkeit der Empfindlichkeit $W(\vartheta)$ ermittelt und in Abb. 5 graphisch dargestellt. Mit ϑ wird der Zenitwinkel bezeichnet, unter dem Röntgenstrahlen auf den NaJ-Szintillator auftreffen bzw. Photonen in das optische System der Polarlichtsonde einfallen. Für $\vartheta = 0$ wurde $W(\vartheta) = 1$ gesetzt.

Die in Abb. 5 eingezeichnete Kurve kann jedoch nur zur Orientierung für den effektiven Öffnungswinkel herangezogen werden. Mit zunehmender Energie der Röntgenstrahlungsphotonen wird der Öffnungswinkel infolge der abnehmenden Extinktion (Abb. 4) größer und umgekehrt. So können die Röntgenstrahlen mit Energien E < 25 keV, die bei polaren Teilstürmen erzeugt werden, wegen der hohen Photoabsorption in Ballonhöhen kaum noch aus dem durch die kosmische Strahlung bedingten Untergrund nachgewiesen werden. Die Extinktion der Röntgenstrahlen hängt zudem empfindlich von der Höhe des Ballons ab. Außerdem muß beachtet werden, daß bei der Berechnung von $W(\vartheta)$ der totale Extinktionskoeffizient benutzt wurde. Da aber die Extinktion der Röntgenstrahlen bei Energien um 100 keV vorwiegend aus Comptonstreuung besteht, werden auch Röntgenquanten, allerdings mit geringerer Energie, in den NaJ-Szintillator der Szintillatorsonde hineingestreut, die den Szintillator ohne Streuung nicht treffen würden. Das führt zu einer Verschmierung des effektiven Öffnungswinkels.

Aufgrund dieser Betrachtungen wurde bei der Planung des optischen Systems der Polarlichtsonde gefordert, daß die Lichtempfindlichkeit für Einfallswinkel bis zu $50°$ noch nicht wesentlich abgesunken ist. Der Einfachheit wegen wurde bei den Berechnungen eine konstante Empfindlichkeit für Einfallswinkel mit $0 \leq \vartheta \leq 50°$ angesetzt.

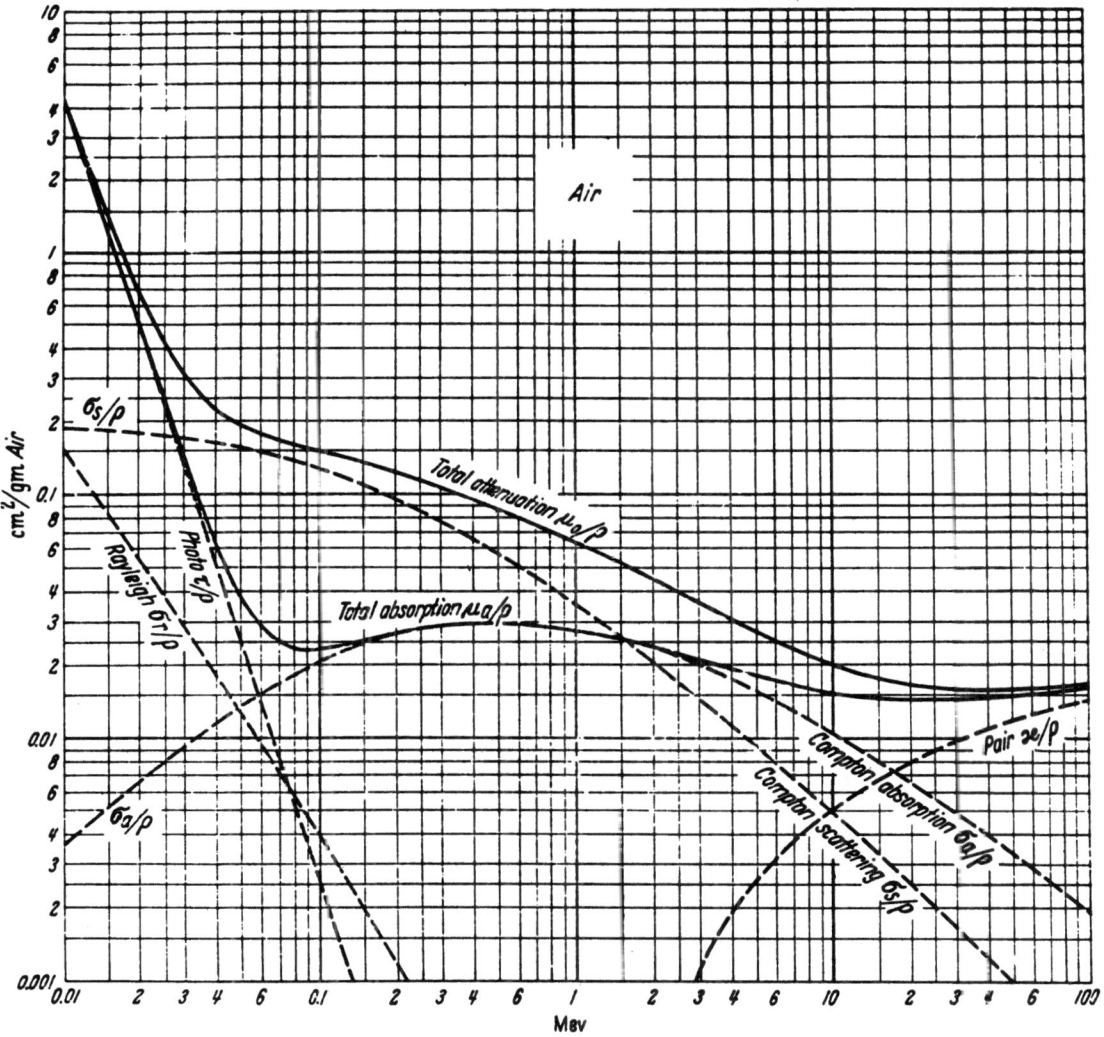

Abb. 4: Absorptions- und Extinktionskoeffizienten für Röntgenstrahlen in Luft   WHITE, 1952 .

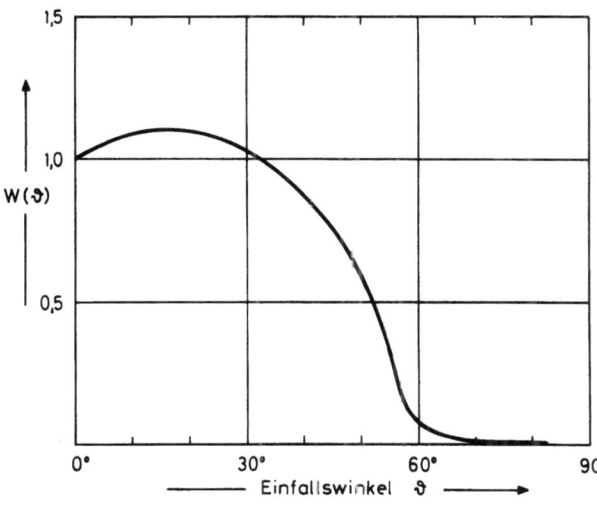

Abb. 5: Die Richtungsabhängigkeit W(ϑ) der Empfindlichkeit der Szintillatorsonde bei 10 mb Ballonhöhe für 100 keV-Röntgenstrahlen, die in etwa 90 km Höhe erzeugt werden. Für ϑ = 0 wurde W = 1 gesetzt. Bei der Berechnung wurde der totale Extinktionskoeffizient (Abb. 4) verwendet.

3.1 Der Aufbau des optischen Systems der Polarlichtsonde

Das optische System der Polarlichtsonde (Abb. 6) besteht aus einer Plexiglaslinse, einem Interferenzfilter und einer weiteren Linse, in deren Brennpunkt eine Blende angebracht ist.

Die Größe der Wellenlänge λ_{max} - bei $\lambda = \lambda_{max}$ ist die Durchlässigkeit des Interferenzfilters am größten - hängt von dem Einfallswinkel ϑ' des Lichtes in das Interferenzfilter ab (Abb. 7).

Da die Halbwertbreite der benutzten Interferenzfilter der Firma Schott u. Gen. mit $\lambda_{max} \approx 3920$ Å nach Werksangabe etwa 110 Å beträgt, können nach Abb. 7 nur Einfallswinkel ϑ' bis zu $15°$ zugelassen werden. Das Licht, das unter einem größeren Winkel in das Interferenzfilter eintritt, wird mit Hilfe der Linse unter dem Interferenzfilter, in deren Brennebene eine Lochblende angebracht ist, von der Registrierung durch die Photokathode des Photomultipliers XP 1002 ausgeschlossen.

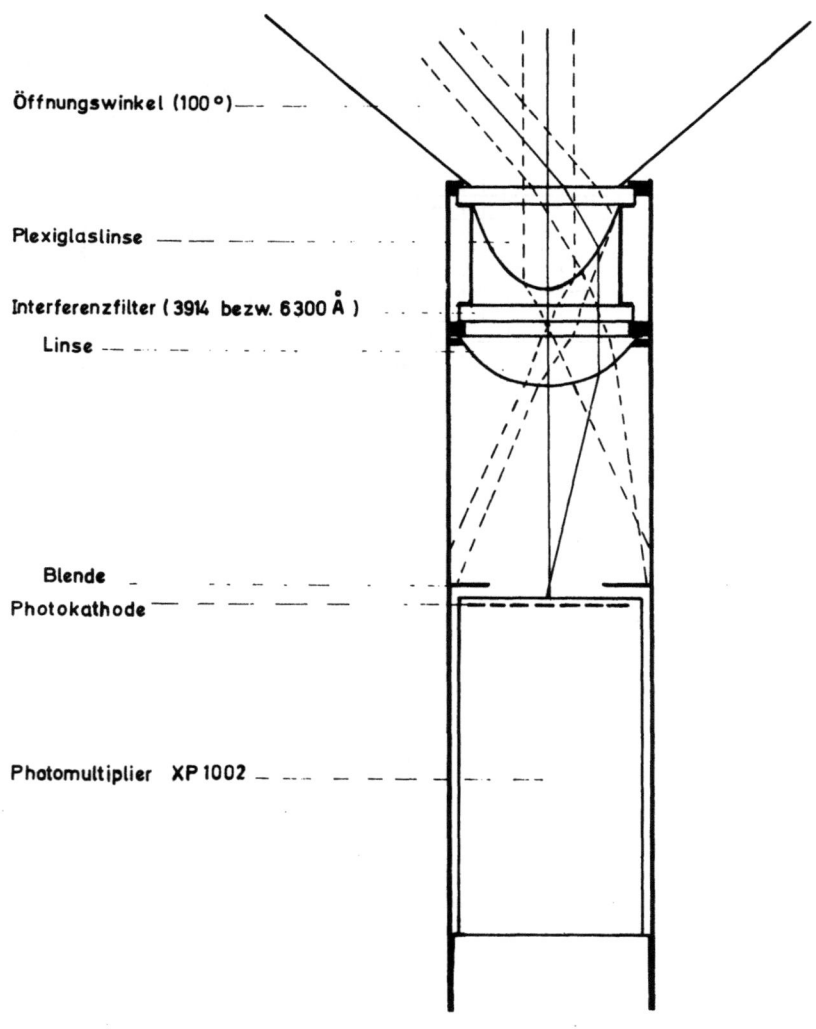

Abb. 6: Das optische System der Polarlichtsonde.

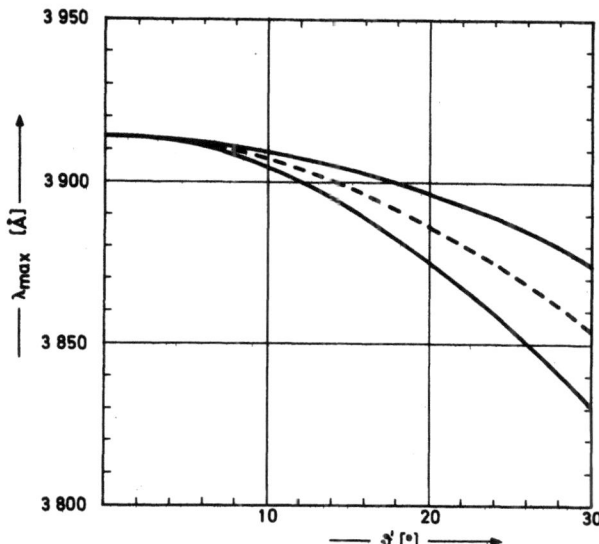

Ohne die Plexiglaslinse über dem Interferenzfilter hätte das System einen vollen Öffnungswinkel von nur 30° gegenüber dem geforderten vollen Öffnungwinkel von 100°. Die Plexiglaslinse bewirkt nun, daß unter dem Winkel ϑ auf die Plexiglaslinse einfallendes Licht derart gebrochen wird, daß der senkrecht durch das Interferenzfilter hindurch tretende Anteil für $0 \leq \vartheta \leq 50°$ nur von der Intensität, nicht aber von der Richtung des einfallenden Lichtes abhängt. In Abb. 6 ist dieser Sachverhalt für 2 Parallellichtbündel angedeutet. Somit hat das optische System nunmehr einen vollen Öffnungswinkel von 100°, wobei die Empfindlichkeit in diesem Bereich in erster Näherung nicht von der Richtung des einfallenden Lichtes abhängt. Für größer werdende Einfallswinkel mit $\vartheta > 50°$ nimmt die Empfindlichkeit des optischen Systems schnell ab (Abb. 8).

Abb.7: Die Durchlaßwellenlänge λ_{max} in Abhängigkeit von dem Winkel ϑ' unter dem senkrecht bzw. parallel zur Einfallsebene polarisiertes Licht in das Interferenzfilter eintritt (nach Werksangaben der Firma Schott u. Gen.). Die beiden durchgezogenen Linien gelten für senkrecht und parallel zur Einfallsebene polarisiertes Licht.

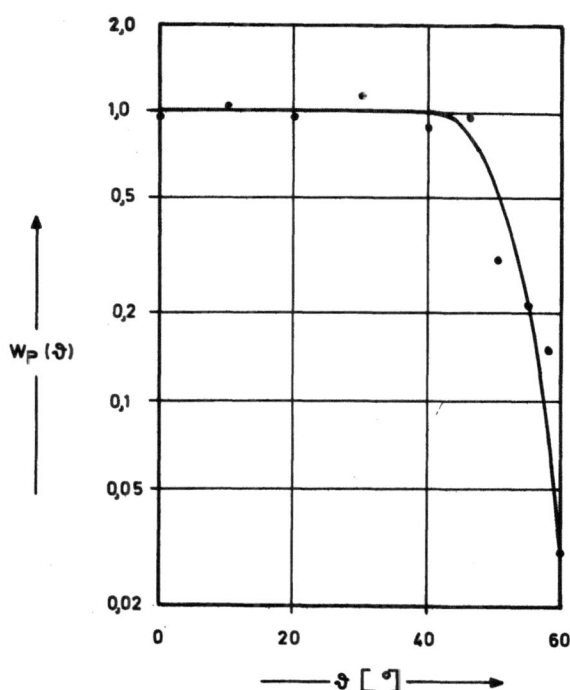

Abb. 8: Die gemessene Richtungsabhängigkeit $W_p(\vartheta)$ der Polarlichtsonde. Für $\vartheta = 0$ wurde $W_p = 1$ gesetzt.

3.2 Die Berechnung des Profils der Plexiglaslinse

Zur Berechnung des Profils der Plexiglaslinse wurde folgendermaßen vorgegangen. Es wird gefordert, daß ein von unten parallel zur optischen Achse in die Plexiglaslinse einfallendes Lichtbündel mit der Querschnittfläche ΔF einen Raumwinkel der Größe $\Delta\omega$ ausleuchtet mit der Bedingung, daß $\Delta\omega/\Delta F$ konstant, also unabhängig davon ist, an welcher Stelle das Parallellichtbündel von unten in die Plexiglaslinse eintritt. Nach Abb. 9 folgt dann:

$$\Delta\omega = 2\pi \sin\vartheta \, \Delta\vartheta$$
$$\Delta F = 2\pi \, r \, \Delta r \, .$$

Mit der Bedingung

$$\frac{\Delta\omega}{\Delta F} = c, \text{ wobei c eine Konstante ist,}$$

folgt

$$\frac{\sin\vartheta}{r} \cdot \frac{\Delta\vartheta}{\Delta r} = c \text{ und hieraus}$$

$$\sin\vartheta \cdot \frac{d\vartheta}{dr} = r \, c \, . \tag{1}$$

Diese Differentialgleichung für $\vartheta = \vartheta(r)$ ist elementar lösbar.
Mit den beiden Randwerten

$$\vartheta(0) = 0, \quad \vartheta(2 \text{ cm}) = 50°$$

erhält man als Lösung

$$\vartheta(r) = \arccos(1 - 0,09 \, r^2), \tag{2}$$

dabei ist r in Einheiten von cm einzusetzen. Der Linsenradius beträgt 2 cm.

Ein im Abstand r von der optischen Achse parallel zu dieser von unten in die Plexiglaslinse einfallender Lichtstrahl tritt unter dem Ausfallswinkel ϑ oben wieder aus.

Eine wesentliche Vereinfachung für die weitere Berechnung der Linse entsteht dadurch, daß man wie in Abb. 9 eine Linse mit einer oberen Planfläche ansetzt.

Zwischen dem Neigungswinkel δ einer Tangentialfläche des unteren Teils der Plexiglaslinse und dem Auslenkwinkel ϑ aus der Richtung der optischen Achse (Abb. 10) besteht die Relation:

$$\operatorname{ctg}\delta = \frac{1}{\sin\vartheta}\left\{\sqrt{n^2 - \sin^2\vartheta} - 1\right\}, \quad n = 1,5 \text{ für Plexiglas} . \tag{3}$$

Aus den Gleichungen (2) und (3) wurde

$$\operatorname{tg}\delta = f(r) \tag{4}$$

ermittelt.

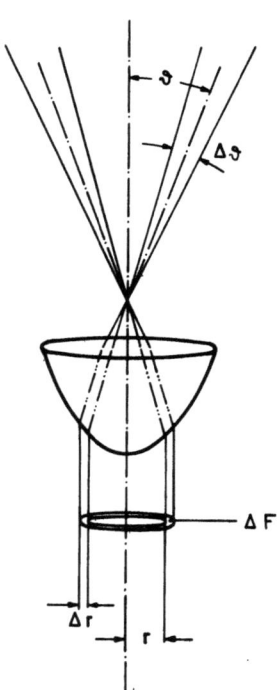

Abb. 9: Das durch die Fläche ΔF von unten in die Plexiglaslinse eintretende Licht leuchtet den Raumwinkel $2\pi \sin\vartheta \, \Delta\vartheta$ aus.

Das Profil der Linse möge durch z = F(r) gegeben sein. Wegen $\frac{dF(r)}{dr}$ = tg δ läßt sich dann schließlich das gesuchte Profil der Linse durch Integration von (4) bestimmen. Die Integration wurde numerisch ausgeführt. Abb. 11 zeigt das Profil der Linse. Die für die Sonden benötigten Linsen wurden von der Werkstatt des Max-Planck-Instituts für Aeronomie nach diesem Profil aus Plexiglas gedreht und poliert.

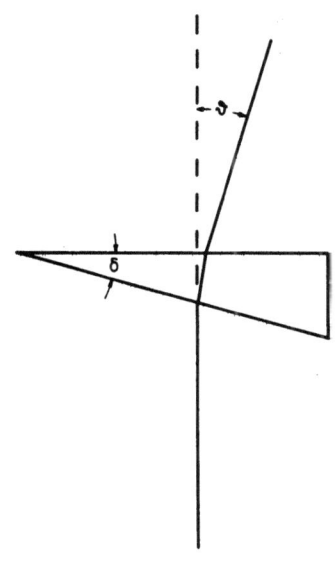

Abb. 10: Zur Auslenkung eines parallel zur optischen Achse von unten einfallenden Lichtstrahles.

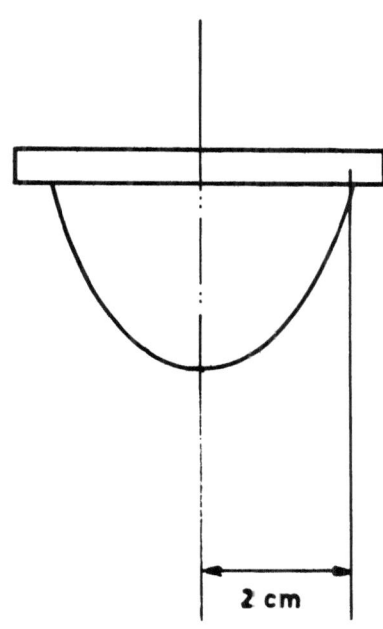

Abb. 11: Das Profil der Plexiglaslinse.

3.3 Der Geometriefaktor des optischen Systems

Bei Absolutmessungen von Polarlichtern und Nachthimmelleuchten (Airglow) verwendet man die Einheit "Rayleigh" [HUNTEN et al., 1956]. Man ersetzt die 3-dimensional ausgedehnten Polarlicht- bzw. Airglow-Erscheinungen durch leuchtende Flächen. Ist Φ die Zahl der Photonen, die pro Zeiteinheit, Flächeneinheit und Raumwinkeleinheit von einer leuchtenden Fläche emittiert werden, so ist 4π Φ die Zahl der Photonen, die pro Zeiteinheit und Flächeneinheit emittiert werden. Wird nun Φ in Einheiten von 10^6 Photonen · cm^{-2} $ster^{-1}$ sec^{-1} angegeben, so erhält man 4π Φ in Einheiten von Rayleigh.

Über dem vollen Öffnungswinkel von $100°$ der Polarlichtsonde haben die Polarlichter mit ihren verschiedenen Strukturen keine gleichmäßige Helligkeit. Die gemessene Durchschnittshelligkeit kann man daher kaum zur Bestimmung von Helligkeiten z.B. in aktiven Bändern heranziehen. Um jedoch die Durchschnittshelligkeit abzuschätzen, wird in den folgenden Rechnungen eine gleichmäßige Helligkeit als Rechengröße angenommen, wobei außerdem die Krümmung der angenommenen leuchtenden Fläche vernachlässigt wird. Der Geometriefaktor G wird durch

$$N = G \cdot 4\pi \Phi \qquad (5)$$

definiert.

Dabei bedeutet: N = Zahl der auf die Photokathode des Photomultipliers XP 1002 auftreffenden Photonen pro Sekunde

4π Φ wird in Rayleigh angegeben, der Geometriefaktor G hat die Dimension sec^{-1} $Rayleigh^{-1}$.

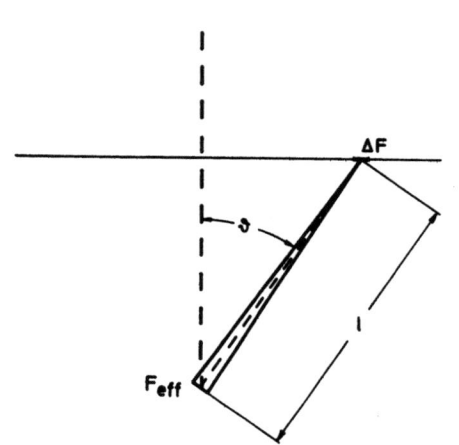

Abb. 12: Das von ΔF emittierte Lichtbündel, das auf die Fläche F_{eff} auftrifft.

Nach Abb. 12 gilt

$$\Delta N = \phi \cdot \Delta F \cdot \frac{F_{eff}}{l^2} \cdot D \quad . \tag{6}$$

ΔN ist die Zahl der auf die Photokathode auftreffenden Photonen pro Zeiteinheit. F_{eff} ist so definiert, daß alle Photonen, die durch diese Fläche hindurchtreten, auf die Photokathode gelangen können. Die Flächennormale von F_{eff} zeigt dabei in die Richtung von ϑ. Die Plexiglaslinse wurde so berechnet, daß die Zahl der Photonen, die in der Zeiteinheit auf die Photokathode auftreffen, im Bereich $0 \leq \vartheta \leq 50°$ unabhängig von der Richtung ist, von der ein Lichtbündel auf die Plexiglaslinse einfällt. Das bedeutet, daß F_{eff} unabhängig von ϑ, also konstant ist. Mit dem Faktor D werden Verluste durch die Linsen, durch das Interferenzfilter und durch den Ballon erfaßt.

Von F_{eff} gesehen, füllt ΔF den Raumwinkel

$$\Delta \omega = \frac{\Delta F}{l^2} \cos \vartheta \quad \text{aus.}$$

(6) geht dann in

$$\Delta N = F_{eff} \cdot D \cdot \phi \cdot \frac{\Delta \omega}{\cos \vartheta} \quad \text{über.}$$

Mit

$$\Delta \omega = \sin \vartheta \, \Delta \vartheta \, \Delta \varphi \quad \text{folgt}$$

$$N = F_{eff} \cdot D \cdot \phi \cdot \int_0^{50°} \int_0^{2\pi} \frac{d\varphi \sin \vartheta \, d\vartheta}{\cos \vartheta} \quad .$$

Der Geometriefaktor ist dann gegeben durch

$$G = \frac{F_{eff} \cdot D}{4\pi} \int_0^{50°} \int_0^{2\pi} \frac{d\varphi \sin \vartheta \, d\vartheta}{\cos \vartheta} \cdot 10^6 \, \text{sec}^{-1} \cdot \text{Rayleigh}^{-1} \cdot \text{cm}^{-2} \quad . \tag{7}$$

Die Integration ergibt

$$G = 0.221 \cdot 10^6 \cdot F_{eff} \cdot D \cdot \text{sec}^{-1} \cdot \text{Rayleigh}^{-1} \cdot \text{cm}^{-2} \quad . \tag{8}$$

Die effektive Fläche F_{eff} wird für ein Parallellichtbündel berechnet, das senkrecht auf die Plexiglaslinse auftrifft (Abb. 13).

Die Lichtstrahlen, die gerade noch durch die Lochblende hindurchtreten und auf die Photokathode treffen, treten aus der Plexiglaslinse unter dem Winkel $\varphi' = 15°$ zur optischen Achse aus. Die Neigung δ der Tangentialfläche der Plexiglaslinse ist für einen solchen Lichtstrahl durch

$$\text{ctg } \delta = \frac{n - \cos 15°}{\sin 15°}$$

gegeben.

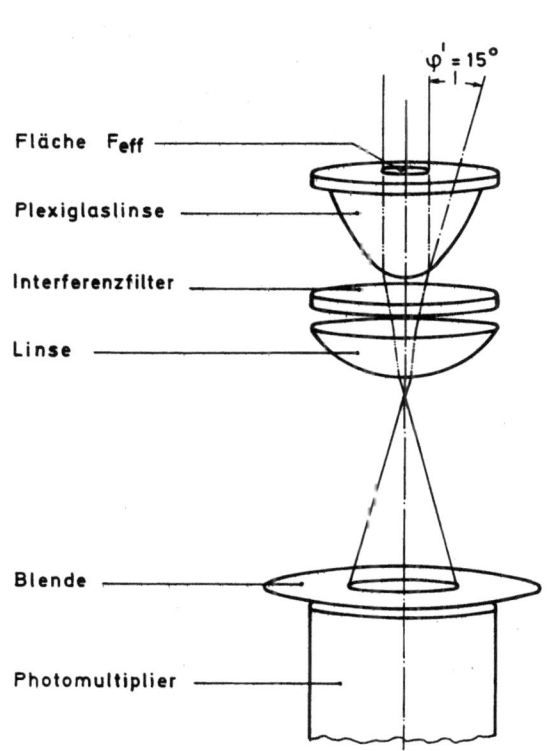

Abb. 13: Das optische System. Die eingezeichneten Lichtstrahlen dienen zur Bestimmung von F_{eff}.

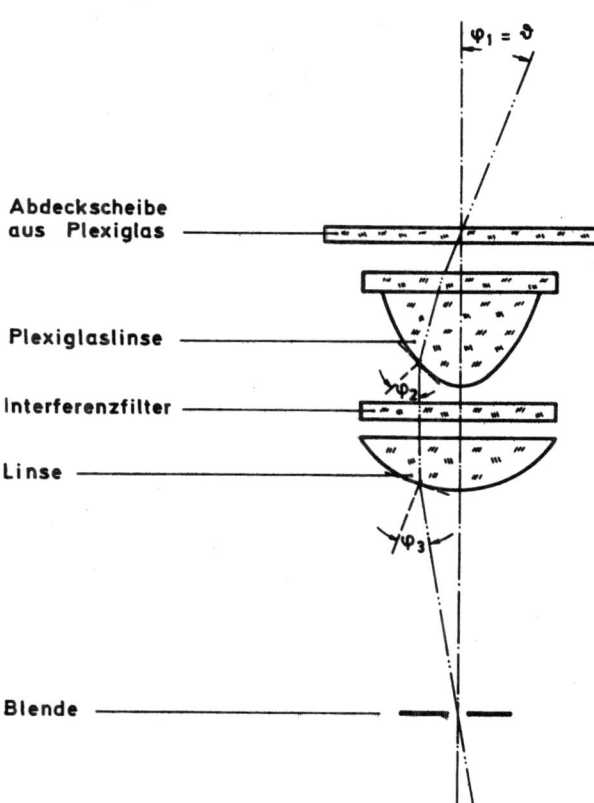

Abb. 14: Das optische System. Der eingezeichnete Lichtstrahl, der zur Abschätzung der Reflexionsverluste dient, tritt senkrecht durch das Interferenzfilter hindurch.

Mit Gleichung (4) läßt sich der Radius der effektiven Fläche ermitteln und damit die Größe dieser Fläche. Die Rechnung ergibt

$$F_{eff} = 1,17 \text{ cm}^2 \ . \tag{9}$$

Die Verluste, die mit dem Faktor D erfaßt werden, setzen sich aus 3 Anteilen zusammen:

1. Verluste, die durch den durchsichtigen Ballon entstehen, der sich über der Sonde befindet. Diese Abschwächung wurde aufgrund von Bodenmessungen ohne den Ballon und einer Aufstiegsmessung mit derselben Sonde, K 15/69, bei magnetischer Ruhe über Kiruna abgeschätzt. Dieser Anteil wird mit D_1 bezeichnet und hat den Wert 0,8.

2. Der Transmissionsgrad $T_F = D_2$ der benutzten Interferenzfilter mit $\lambda_{max} \approx 392$ mm variiert mit dem Winkel des auf das Interferenzfilter einfallenden Lichts der Wellenlänge $\lambda = 3914$ Å und hängt auch von λ_{max} der benutzten Filter ab. Als mittlerer Wert wurde aus den Filterangaben für verschiedene Filter der Wert $D_2 = 0,25$ gefunden.

3. Die Reflexionsverluste an der Abdeckscheibe aus Plexiglas, der Plexiglaslinse und an der Glaslinse (Abb. 14) werden D_3 genannt und im folgenden eingehend untersucht.

Die durch Reflexion bedingten Verluste hängen von den Winkeln ab, unter denen die Lichtbündel auf die einzelnen brechenden Flächen einfallen. Aus den Fresnelschen Gleichungen wurde für den Brechungsindex n = 1.5 das Reflexionsvermögen für senkrecht und parallel zur Einfallsebene auf Glas bzw. Plexiglas einfallendes Licht bei verschiedenen Einfallswinkeln φ berechnet. Anschließend wurde der Mittelwert gebildet.

In Abb. 15 ist das so gefundene Verhältnis

$$D(\varphi) = \frac{\text{durchgehende Strahlungsleistung}}{\text{einfallende Strahlungsleistung}}$$

in Abhängigkeit des Einfallswinkels φ graphisch dargestellt.

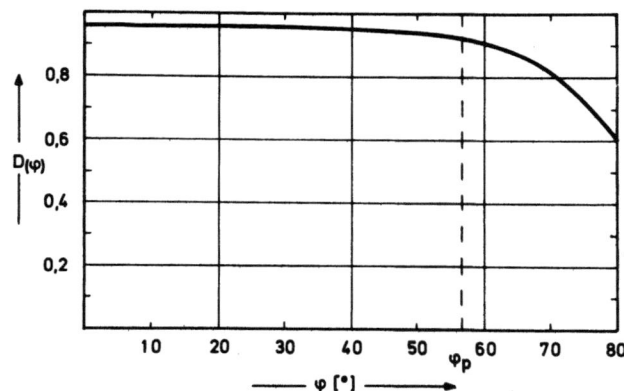

Abb. 15: Der Durchlässigkeitsgrad $D(\varphi)$ beim Übergang Luft → Glas (Plexiglas) in Abhängigkeit des Einfallswinkels. φ_p = Polarisationswinkel.

Für eine sehr kleine Lochblende vor der Photokathode, d.h. für senkrecht durch das Interferenzfilter hindurchtretende Lichtstrahlen wurden die Reflexionsverluste unter Vernachlässigung von Mehrfachreflexionen berechnet. Dieser Wert wird als Schätzwert für das optische System betrachtet.

Der in Abb. 14 eingezeichnete Lichtstrahl tritt unter dem Winkel $\vartheta = \varphi_1$ in die Abdeckscheibe aus Plexiglas ein, wieder aus und in die Plexiglaslinse, aus der der Lichtstrahl unter dem Winkel φ_2 austritt. Der Lichtstrahl verläuft dann parallel zur optischen Achse, fällt also senkrecht auf die Glaslinse ein. Aus der Glaslinse tritt er dann unter dem Ausfallswinkel φ_3 aus. Der betrachtete Lichtstrahl erleidet dabei Reflexionsverluste an jeder Fläche. Unter Vernachlässigung von Mehrfachreflexionen gilt dann für den Durchlässigkeitsgrad $D_3(\vartheta)$ durch die Abdeckscheibe und die Linsen

$$D_3(\vartheta) = D^3(\varphi_1) \cdot D(\varphi_2) \cdot D(o) \cdot D(\varphi_3) \qquad (10)$$

mit

$$\varphi_1 = \vartheta, \quad \varphi_2 = \varphi_2(\vartheta), \quad \varphi_3 = \varphi_3(\vartheta).$$

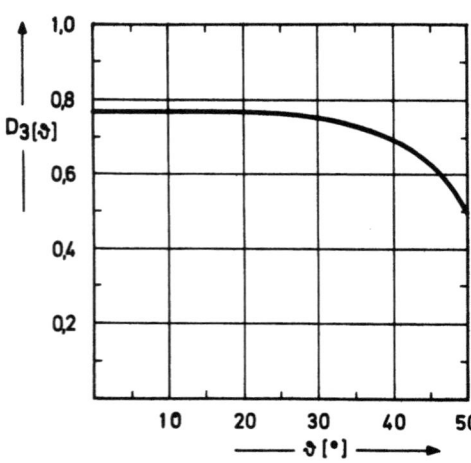

Abb. 16: Der Durchlässigkeitsgrad $D_3(\vartheta)$ durch die Abdeckscheibe und die Linsen als Funktion des Einfallswinkels ϑ.

Für verschiedene Winkel ϑ wurden die Winkel φ_1, φ_2, φ_3 und daraus mit Hilfe der in Abb. 15 eingezeichneten Funktion $D = D(\varphi)$ die zu den Einfallswinkeln ϑ zugehörigen Durchlässigkeitsgrade $D_3(\vartheta)$ ermittelt und in Abb. 16 graphisch dargestellt.

Den gesuchten Wert D_3 erhält man schließlich aus der folgenden Mittelwertbildung

$$D_3 = \frac{\int_o^{50°} \int_o^{2\pi} D_3(\vartheta) \cdot J(\vartheta) d\omega}{\int_o^{50°} \int_o^{2\pi} J(\vartheta) d\omega} \qquad (11)$$

$J(\vartheta)$ ist die Zahl der Photonen, die pro Zeiteinheit, Flächeneinheit$_\perp$ zu ϑ und Raumwinkeleinheit aus der

Richtung ϑ auf das optische System der Sonde einfallen, deren effektive Fläche konstant ist. Unter der Annahme einer über dem gesamten Öffnungwinkel von $100°$ ebenen, gleichmäßig leuchtenden Fläche konstanter Emissionsrate Φ folgt nach Abb. 12 für die Zahl der pro Zeiteinheit auf die effektive Fläche auftreffenden Photonen

$$\Phi \cdot \frac{F_{eff}}{l^2} \cdot \Delta F = J(\vartheta) \; \frac{\Delta F \cdot \cos \vartheta}{l^2} \cdot F_{eff},$$

also

$$J(\vartheta) = \frac{\Phi}{\cos \vartheta} \; .$$

Gleichung (11) geht dann in die Formel (12) über

$$D_3 = \frac{\int_0^{50°} D_3(\vartheta) \tan \vartheta \; d\vartheta}{\int_0^{50°} \tan \vartheta \; d\vartheta} \; . \tag{12}$$

Die numerische Berechnung ergibt schließlich

$$D_3 = 0.7 \; . \tag{13}$$

Aus der Kenntnis der Größe der effektiven Fläche (9) des optischen Systems und der Schwächungsfaktoren D_1, D_2, D_3 kann jetzt der Geometriefaktor der Polarlichtsonde nach Gleichung (8) angegeben werden. Er beträgt unter den aufgeführten Annahmen

$$G = 3,6 \cdot 10^4 \; \text{Rayleigh}^{-1} \; \text{sec}^{-1} \; . \tag{14}$$

Aufgrund der Vernachlässigungen, Abschätzungen und Vereinfachungen ist eine Abweichung um 30 % möglich.

3.4 Die Empfindlichkeit des Photomultipliers XP 1002

Die Empfindlichkeit ε des Photomultipliers setzt sich aus der Empfindlichkeit ε_K der Photokathode und dem Verstärkungsfaktor V des Dynodensystems zusammen

$$\varepsilon = \varepsilon_K \cdot V \; . \tag{15}$$

Für die Photokathode, die aus Sb Na K Cs besteht, wird vom Werk die Empfindlichkeit in Einheiten von μA pro Watt für die Wellenlänge λ = 4200 Å angegeben. Aus der ebenfalls vom Werk vorgelegten spektralen Empfindlichkeitsverteilung der Photokathode wurde die gesuchte Empfindlichkeit ε_K für die Wellenlänge λ = 3914 Å in Einheiten von Amperesekunden pro Photon ermittelt. Der gefundene Wert

$$\varepsilon_K = 3 \cdot 10^{-20} \; \frac{\text{Coul}}{\text{Ph}} \tag{16}$$

gilt als Richtwert für die geflogenen Sonden, Abweichungen um 30 % sind möglich.

Der Verstärkungsfaktor V des Dynodensystems hängt von der Spannung zwischen Anode und Kathode und von den Spannungsverhältnissen an den Dynoden ab. Der Spannungsteiler (s. Anhang Abb. 31) wurde

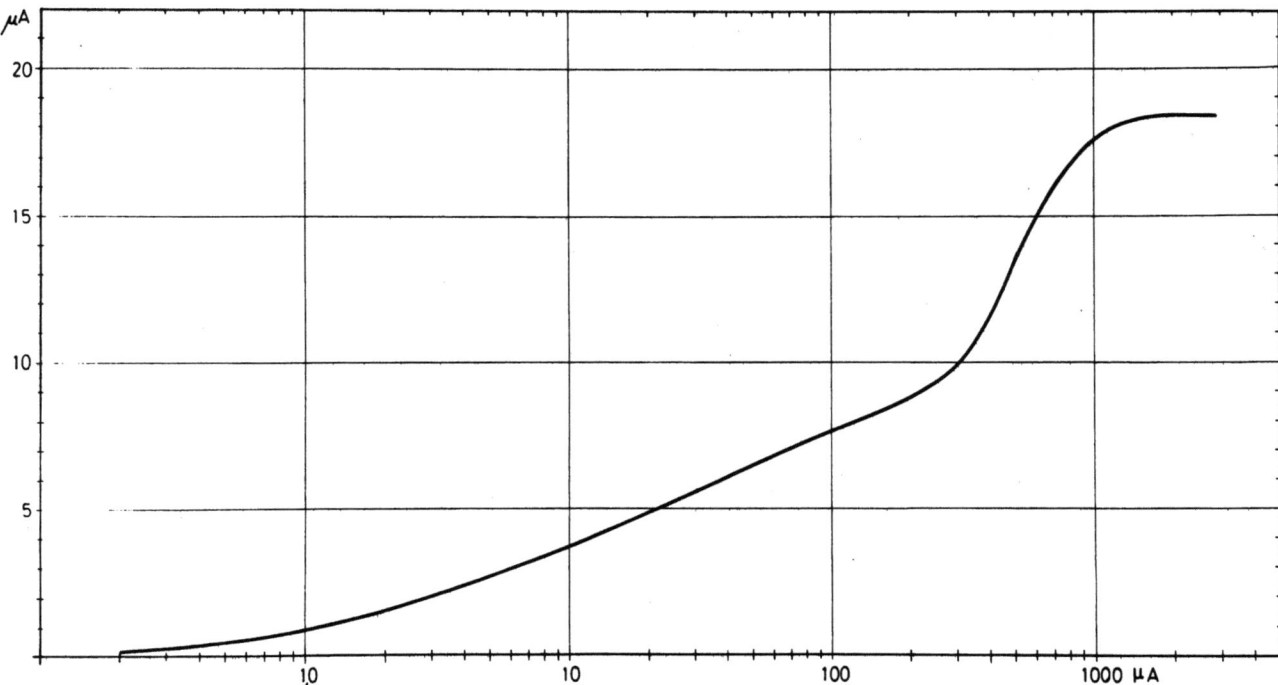

Abb. 17: Der tatsächliche Anodenstrom als Funktion des bei konstantem Verstärkungsfaktor zu erwartenden Anodenstroms.

so ausgelegt, daß der Anodenstrom auf etwa 20 µA begrenzt wurde (Abb. 17). Dadurch wird ermöglicht, daß Variationen um mehrere Größenordnungen der Zahl der auf die Photokathode auftreffenden Photonen pro Zeiteinheit mit Hilfe einer einfachen Glimmröhrenkippschaltung (s. Anhang Abb. 31) für die Übertragung bzw. Aufzeichnung digitalisiert werden können. Außerdem wird hierdurch das Dynodensystem bei großem Lichteinfall geschützt. Für kleine Lichtintensitäten ist V zunächst konstant und nimmt dann mit wachsendem Lichteinfall ab. In Abb. 17 ist der tatsächlich auftretende Anodenstrom als Funktion des Anodenstroms aufgetragen, den man bei konstantem Verstärkungsfaktor erhalten würde.

Bei hinreichend geringem Lichteinfall auf die Photokathode hat der Verstärkungsfaktor V bei der anliegenden Spannung von 1620 V zwischen Anode und Kathode den Wert

$$V = 1,4 \cdot 10^6 \ . \tag{17}$$

Die Empfindlichkeit des Photomultipliers beträgt dann

$$\varepsilon = 4 \cdot 10^{-14} \ \frac{\text{Coul}}{\text{Ph}} \ . \tag{18}$$

Der Anodendunkelstrom beträgt $2 \cdot 10^{-8}$ A. Dieser Wert gilt für eine Temperatur von 25° C, er verringert sich jedoch noch während eines Aufstiegs, da die Temperatur der Sonde bis auf -30° C absinken kann. Nach den Gleichungen (14) und (18) entspricht einem solchen Anodenstrom von $2 \cdot 10^{-8}$ A eine Polarlichtemission von 12 R; das bedeutet, daß die durch den Dunkelstrom vorgetäuschte Polarlichtemission kleiner als 12 R ist.

4. Die Messungen

Simultanmessungen von Röntgenstrahlen und Polarlichtemissionen gestatten Abschätzungen über Variationen des Energiespektrums der in die Atmosphäre einfallenden Elektronen. Polarlichter werden hauptsächlich von Elektronen mit Energien von 1 - 10 keV erzeugt, Röntgenstrahlen hingegen von Elektronen mit Energien von 30 - 200 keV und mehr. Auch Bodenregistrierungen von Polarlichtemissionen und der Absorption der kosmischen Radiostrahlung bei 30 MHz gestatten Abschätzungen über Änderungen des Energiespektrums der einfallenden Elektronen. Aus den Arbeiten von HOLT und OHMHOLT [1962] und JOHANNSEN [1965] folgt, daß der Quotient Q

$$Q = \frac{Abs^2 \,(dB)}{Emission \,(kR)} \tag{19}$$

aus dem Quadrat der Absorption der kosmischen Radiostrahlung und der Polarlichtemission von N_2^+ bei λ = 3914 Å von dem Energiespektrum der einfallenden Elektronen abhängt. JOHANNSEN hat aufgrund von Berechnungen die Parameter eines angenommenen einparametrigen Potenz- und eines Exponentialspektrums ermittelt. Danach nimmt der höherenergetischere Anteil der Elektronen mit Energien E > 30 keV zu, wenn Q größer wird und umgekehrt. Die Intensität der Polarlichtemissionen von N_2^+ bei λ = 3914 Å hängt linear, die Absorption CNA quadratisch von der Intensität der einfallenden Elektronen ab. Die quadratische Abhängigkeit resultiert aus der stationären Lösung der Kontinuitätsgleichung für die Dichte freier Elektronen. Danach ist das Quadrat dieser Dichte proportional zu der Ionisierungsrate, die linear von der Intensität der einfallenden Elektronen abhängt. Die Dichte der freien Elektronen ist proportional zu CNA. Dabei wurde nicht berücksichtigt, daß auch in die Atmosphäre einfallende Protonen Polarlichtemissionen hervorrufen [EATHER, 1968; JONES, 1969]. Dieser Beitrag ist jedoch bei sichtbaren Polarlichtern, besonders aber in der break-up-Phase vernachlässigbar.

Bei Simultanmessungen von Polarlichtemissionen und Röntgenstrahlung mit Hilfe von Ballonen sind folgende Einschränkungen zu beachten.

1. Die Erdatmosphäre darf bis zu einer Höhe von 100 km nicht von der Sonne beleuchtet werden.
2. Es darf kein direktes und auch kein am Ballon gestreutes Mondlicht in die Apertur des optischen Systems der Polarlichtsonde fallen.
3. Die Windverhältnisse müssen berücksichtigt werden, da die Senderreichweite auf etwa 600 km begrenzt ist. Außerdem darf der Ballon die Grenze zur UdSSR, die etwa 350 km östlich von Kiruna verläuft, nicht überfliegen.

Eine Folge dieser Einschränkungen ist, daß man nur im September und Anfang Oktober mit ausreichender Sicherheit Meßzeiten von 4 Stunden und mehr erwarten kann und dann auch nur an etwa 2 Tagen vor und an 10 Tagen nach Neumond [RICHTER, 1969]. In Abb. 18 sind die erzielbaren Meßzeiten für die Wintermonate September bis April eingezeichnet. Die durchgezogene Kurve folgt aus der Forderung, daß Polarlichtmessungen nur dann sinnvoll sind, wenn die Sonne in 100 km Höhe nicht scheint. Die anderen Kurven stellen die durch den Wind bedingten Meßzeiten in der 10 mb Fläche der Jahre 1965/66, 1966/67 und 1967/68 dar. Bei der Berechnung dieser Zeiten wurden Wetterkarten des Instituts für Meteorologie und Geophysik der Freien Universität Berlin benutzt.

Bei den Ballonaufstiegen wurden Polarlichtemissionen von N_2^+ bei λ = 3914 Å gemessen. Diese intensive Polarlichtlinie gehört zu dem 1. negativen Bandensystem von N_2^+ und wird bei dem erlaubten Übergang $B^2\Sigma_u^+ \rightarrow X^2\Sigma_g^+$, (0 - 0) ausgestrahlt. Bei der Bodenmessungen wurden Polarlichtemissionen dieser erlaubten Linie und der verbotenen Sauerstofflinie von [OI] bei λ = 6300 Å gemessen, die bei dem Übergang $2p^4\,{}^3P - 2p^4\,{}^1D$, J (2 - 2) emittiert wird. Der metastabile Zustand von [OI] hat dabei eine mittlere Lebensdauer von 110 s [CHAMBERLAIN, 1961].

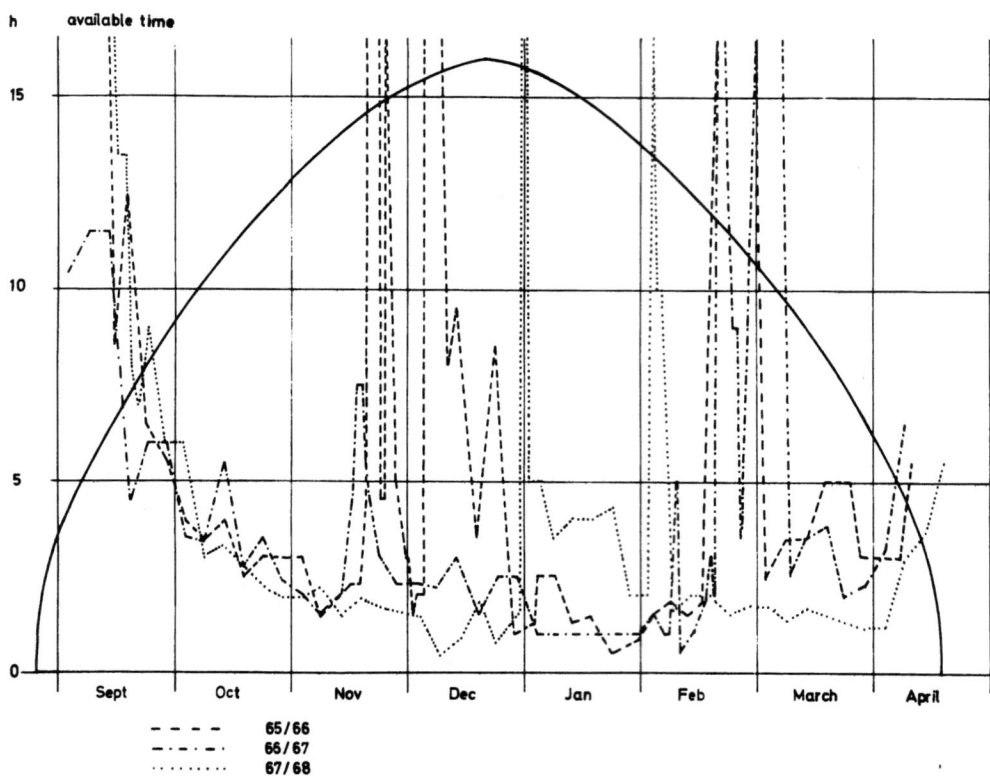

Abb. 18: Die bei Ballonaufstiegen von Kiruna aus erzielbaren Meßzeiten.

Tabelle 1

Nr.	Start bzw. Beginn		Gipfel-druck	Dauer	Kp			
	Datum	Zeit [UT]			18-21,	21-0,	0-3,	3-6 UT
K 25/68	21. 9. 68	18.20	5 mb	8,5 h	3-	1-	3+	
Bodenmessung	14. 9. 69	19.00	-	6 h	4o	4o	5-	
K 13/69	15. 9. 69	18.15	8 mb	8,5 h	3o	2-	3-	
Bodenmessung	15. 9. 69	19.10	-	7 h	3o	2-	3-	
Bodenmessung	17. 9. 69	19.00	-	5,5 h	4-	3-	3-	
Bodenmessung	18. 9. 69	19.00	-	5 h	4+	3o	3o	
K 15/69	20. 9. 69	18.35	9 mb	7,5 h	2-	1-	2-	
K 16/69	23. 9. 69	18.29	8 mb	6,5 h	2+	3+	1+	
Bodenmessung	23. 9. 69	19.50	-	4,5 h	2+	3+	1+	
K 19/69	6.10. 69	21.33	9 mb	6 h	3o	2o	2o	3+

Tabelle 1 zeigt eine Zusammenstellung der Ballon- und Bodenmessungen.
Die Kp-Werte sind Maßzahlen weltweiter geomagnetischer Störungen, die bei polaren Teilstürmen auftreten. Sie werden für je drei Stunden aus einem Stationsnetz ermittelt [BARTELS, 1957].

Ballonaufstiege zur Messung von Polarlichtemissionen von N_2^+ bei λ = 3914 Å und Röntgenstrahlung von derselben Nutzlast aus sind am 21./22.9. 1968 (K25/68), 15./16.9. 1969 (K13/69), 20./21.9. 1969 (K15/69) und am 6./7.10. 1969 (K19/69) von Kiruna aus durchgeführt worden. Dabei waren die obengenannten Forderungen erfüllt. Bei den ersten beiden und dem letzten dieser Ballonflüge konnten Polarlichtemissionen und Röntgenstrahlung gemessen werden. In der Nacht vom 20. zum 21.9. 1969 war die Polarlichtaktivität in Kiruna sehr gering. Dieser Aufstieg lieferte daher wertvolle Untergrundmessungen, insbesondere der Dämmerungshelligkeit in Abhängigkeit von der Depression der Sonne, die Mitte September über Kiruna um Mitternacht nicht mehr als $20°$ beträgt. Da der Driftweg der Ballone bekannt ist (Telekommando), konnten diese Werte bei der Auswertung der anderen Flüge benutzt werden. Am 23./24.9. 1969 war das Mondlicht zu stark. Da jedoch Röntgenstrahlungseinbrüche zu erwarten waren, wurde bei wolkenlosem Himmel ein Ballon mit einer Szintillatorsonde ohne Polarlichtsonde geflogen. In dieser Nacht wurden Röntgenstrahlen und vom Boden aus Polarlichtemissionen gemessen. In drei weiteren Nächten wurden nur Polarlichtemissionen vom Boden aus registriert. Alle Ballonaufstiege und die Bodenmessungen wurden durch Aufzeichnungen der ionosphärischen Absorption (CNA) ergänzt.

4.1 Der Aufstieg K25/68 vom 21./22.9. 1968

Abb. 19 zeigt die Meßergebnisse dieses Ballonaufstiegs. Der Ballon erreichte kurz vor 21.00 UT seine Gipfelhöhe, die einem Druck von etwa 5 mb entsprach. Gegen Ende des Aufstiegs um 03.00 UT war der Druck wieder auf 8 mb angestiegen. Die obere Kurve zeigt die gemessenen Polarlichtemissionen in Abhängigkeit von der Zeit. Die Dämmerungshelligkeiten am Anfang und am Schluß des Aufstiegs sind hierbei wie auch bei den anderen Aufstiegen schon berücksichtigt und abgezogen worden. Die Polarlichtemissionen sind in willkürlichen Einheiten angegeben. Der für 1 kR eingezeichnete Wert kann als eine Abschätzung der absoluten Polarlichtemissionen angesehen werden. Unter dieser Kurve sind die Meßwerte der 5 Kanäle der Szintillatorsonde graphisch dargestellt, die punktierte Linie zeigt den Druck an. Darunter ist der zeitliche Verlauf der mit dem Riometer gemessenen ionosphärischen Absorption eingezeichnet.

Die Polarlichtemission stieg von 19.00 UT bis 20.07 UT an und fiel dann bis 23.20 UT kontinuierlich ab. Dabei wurde außer einer kleinen Spitze um 20.30 UT keine Röntgenstrahlung registriert. Die Spitze selbst kann jedoch auch aus der Statistik der einfallenden Strahlung resultieren. Es muß allerdings beachtet werden, daß der Ballon zu dieser Zeit noch nicht seine Gipfelhöhe erreicht hatte. Es ist daher denkbar, daß diese Spitze ein Teil eines schwachen, länger andauernden Ereignisses war, das aber durch die Luftschichten über dem Ballon stark absorbiert wurde und gegenüber dem Untergrund nicht mehr nachgewiesen werden konnte. Das Riometer zeigte von 19.30 UT bis 20.30 UT geringe Absorption an, die mit 0,2 dB um 20.00 UT ihr Maximum hatte.

Um 00.20 UT erhöhte sich die Polarlichtemission wieder und erreichte zwischen 01.20 UT und 01.30 UT maximale Werte. Danach nahm die Polarlichtemission wieder ab. Simultan hierzu wurde von 00.40 UT bis 01.40 UT Röntgenstrahlung mit den 3 niederenergetischen Kanälen der Szintillatorsonde registriert. Die Kanäle E > 100 keV und E > 200 keV zeigten im Rahmen der Statistik keine meßbare Zusatzstrahlung. Die Absorption der kosmischen Radiostrahlung nahm gleichzeitig zu dem Anstieg der Polarlichtemission um 00.20 UT zu und erreichte ein Maximum von 1 dB um 01.06 UT. Danach ging die Absorption wieder kontinuierlich zurück. Die auffallende zeitliche Verschiebung zwischen dem Maximum der Absorption und dem der Röntgenstrahlung und Polarlichtemissionen kann auf Bewegungen der Gebiete zurückgeführt werden, in denen die Elektronen in die Erdatmosphäre einfallen [KREMSER, 1969]. Der Ballon war zu dieser Zeit bereits 250 km nach Osten von Kiruna abgetrieben. Die Bewölkung erlaubte keine Verfolgung der Polarlichtbewegungen. Die Kp-Werte betrugen in dieser Nacht von 18.00 UT bis 21.00 Ut 3-, von 21.00 UT bis 00.00 UT 1- und von 00.00 UT bis 03.00 UT 3+. Die Polarlichtemissionsmaxima fielen dabei in die Zeitintervalle, für welche die Kp-Werte 3- bzw. 3+ betrugen. In der Erholungsphase, die in den Zeitabschnitt 21.00 UT bis 00.00 UT fiel, betrug der Kp-Wert 1- .

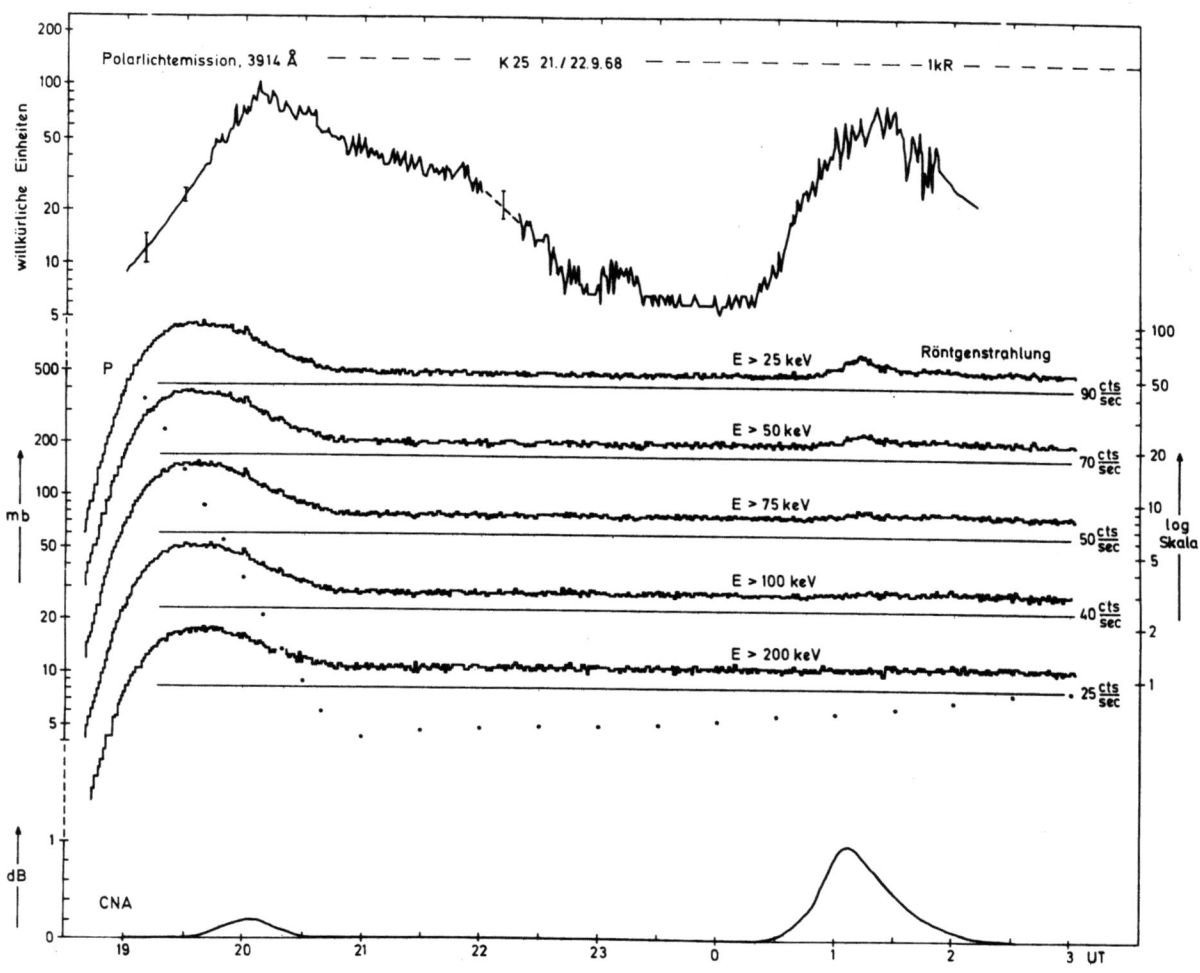

Abb. 19: Die Ballonmessungen vom 21./22.9.1968.

4.2 Der Aufstieg K13/69 vom 15./16.9.1969

Noch bevor der Ballon zu der Gipfelhöhe von 8 mb aufgestiegen war, erhöhte sich die gemessene Polarlichtemissionsrate und erreichte um 20.15 UT ein Maximum (Abb. 20). Danach nahm die Polarlichtemission bis 22.30 UT wieder ab. Diesem sich zeitlich relativ langsam ändernden Verlauf waren kurzzeitige Schwankungen überlagert. Es konnte nicht geklärt werden, ob die Schwankungen in den Polarlichtemissionen selbst aufgetreten sind oder aber ob diese kurzzeitigen Variationen z.B. dadurch entstanden sind, daß die evtl etwas schief hängende Sonde rotierte und somit entfernte Polarlichter nur teilweise registrierte. Die Polarlichter waren vom Boden aus nur sehr schwach zu sehen und bestanden aus diffusen, teilweise pulsierenden Flächen, die über dem ganzen Himmel verteilt waren. Gleichzeitig zu den maximalen Polarlichtemissionsraten registrierten die niederenergetischeren Kanäle E > 25 keV, E > 50 keV und E > 75 keV der Szintillatorsonde bis 21.05 UT Röntgenstrahlung. Die Kanäle E > 100 keV und E > 200 keV zeigten im Rahmen der Statistik keine meßbaren zusätzlichen Zählraten. Der Einsatz der Röntgenstrahlung kann nicht angegeben werden, da der Ballon zu diesem Zeitpunkt noch nicht hoch genug aufgestiegen war. Gleichzeitig zu den Röntgenstrahlen zeigte das Riometer schwache Absorption bis zu einem Wert von 0,5 dB an.

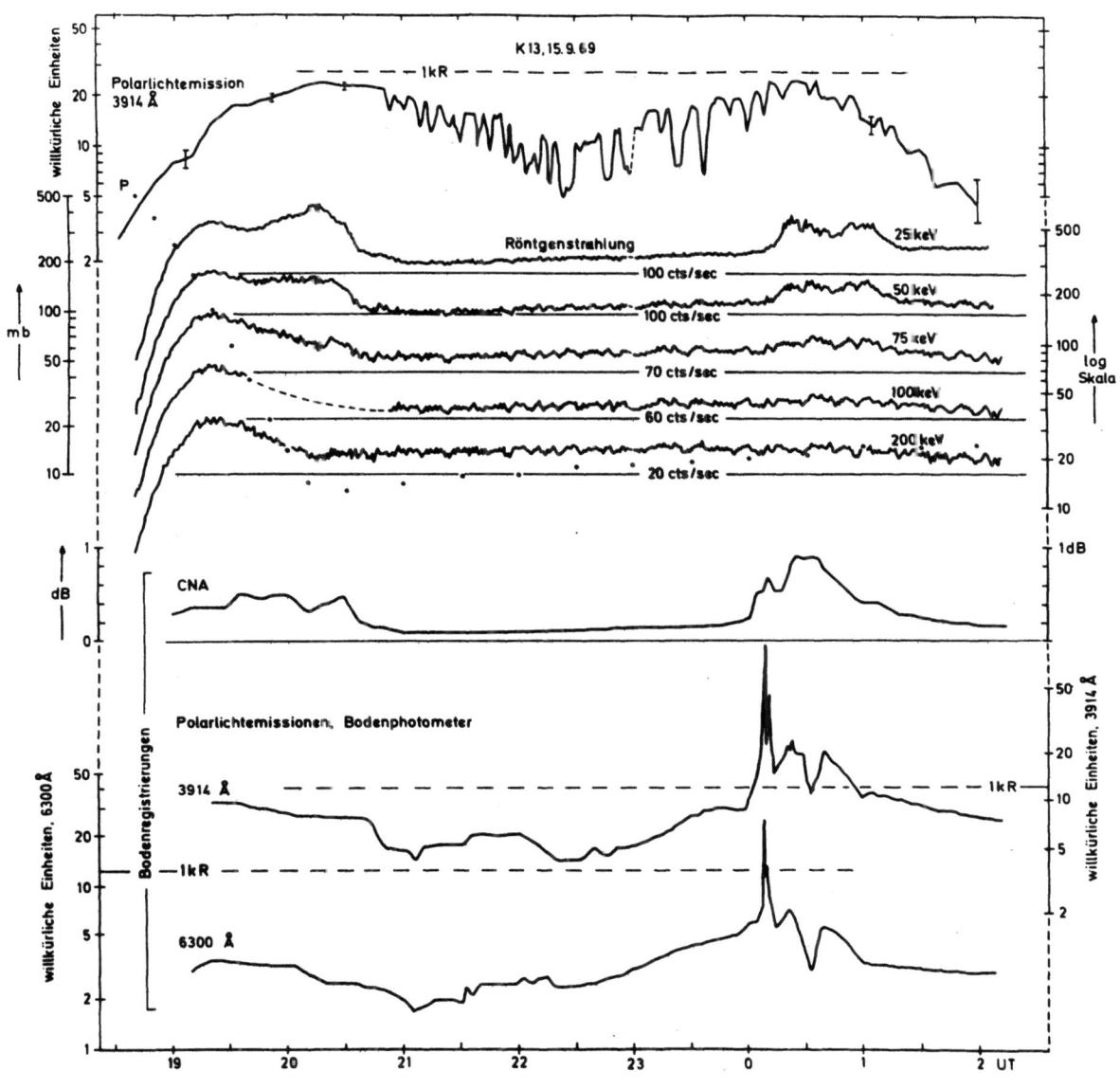

Abb. 20: Die Ballonmessungen vom 15./16.9. 1969.

Nach 22.30 UT stieg die Polarlichtemissionsrate wieder an und erreichte um 00.25 UT ein zweites Maximum. Vom Boden aus konnte man zunächst um 00.10 UT einen homogenen Bogen erkennen, der zunehmend Strahlenstruktur zeigte. Etwa 10 bis 20 Minuten später bestanden die Polarlichter aus einzelnen Bänderstücken und aus pulsierenden Flächen. Um 01.00 UT konnte man nur noch wandernde und pulsierende diffuse Flächen sehen. Auch während dieses Polarlichtereignisses wurden von 00.05 UT bis 01.20 UT mit den 3 niederenergetischen Kanälen der Szintillatorsonde Röntgenstrahlen gemessen. Die etwa gleichzeitig mit dem Riometer beobachtete Absorption CNA hatte von 00.25 UT bis 00.37 UT einen Maximalwert von 0,9 dB.

Bei wolkenlosem Himmel wurden während der Ballonmessungen Polarlichtemissionen mit dem Bodenphotometer registriert. Der zeitliche Verlauf der vom Boden aus gemessenen Emissionen von N_2^+ bei λ = 3914 Å und von [OI] bei 6300 Å ist in Abb. 20 in den beiden unteren Kurven dargestellt. Ähnlich

4.2

wie bei den Ballonmessungen ist ein Abfall der Polarlichtemissionen bis 22.30 UT zu erkennen. Der nachfolgende Wiederanstieg mit Maximalwerten zwischen 00.00 UT und 00.40 UT stimmt gut mit dem zeitlichen Verlauf der mit dem Ballonphotometer gemessenen Polarlichtemissionen überein, obwohl der Ballon zu dieser Zeit bereits 230 km von Kiruna nach Osten abgetrieben war. Die Spitzen in den Bodenregistrierungen gegen 00.00 UT, die in den Ballonmessungen nicht auftreten, lassen sich dadurch erklären, daß zu diesen Zeiten räumlich eng begrenzte Polarlichtbögen bzw. Bänder über das Gesichtsfeld des Bodenphotometers mit einem vollen Öffnungswinkel von 10° wanderten (eigene Beobachtungen). Es wurden also zeitliche Variationen der Polarlichtemissionen durch räumliche Verschiebungen der Polarlichter vorgetäuscht. Das Gesichtsfeld der Polarlichtsonde dagegen ist mit einem vollen Öffnungswinkel von 100° sehr viel größer, räumliche Verschiebungen eng begrenzter Polarlichtemissionsgebiete beeinflussen daher sehr viel weniger die über das gesamte Gesichtsfeld integrierten Polarlichtemissionen.

In Abb. 21 sind noch einmal die Ballonmeßwerte der Polarlichtemissionen und der Röntgenstrahlen mit E > 25 keV sowie die mit dem Bodenphotometer gemessenen Polarlichtemissionen von N_2^+ bei λ = 3914 Å graphisch dargestellt. In diese Abbildung ist außerdem noch der zeitliche Verlauf des Quotienten

$$Q = \frac{\text{Abs}^2 \text{ (dB)}}{\text{Emission (kR)}}$$

eingezeichnet. Q wurde aus zusammengehörenden 10-Min. Mittelwerten der Polarlichtemission bei λ = 3914 Å und der Absorption CNA gebildet. Bei verschiedenen Öffnungswinkeln des Bodenphotometers (10°) und des Riometers (3 dB Abfall der Drei-Element Yagi Antenne bei einem Zenitwinkel von 30°)

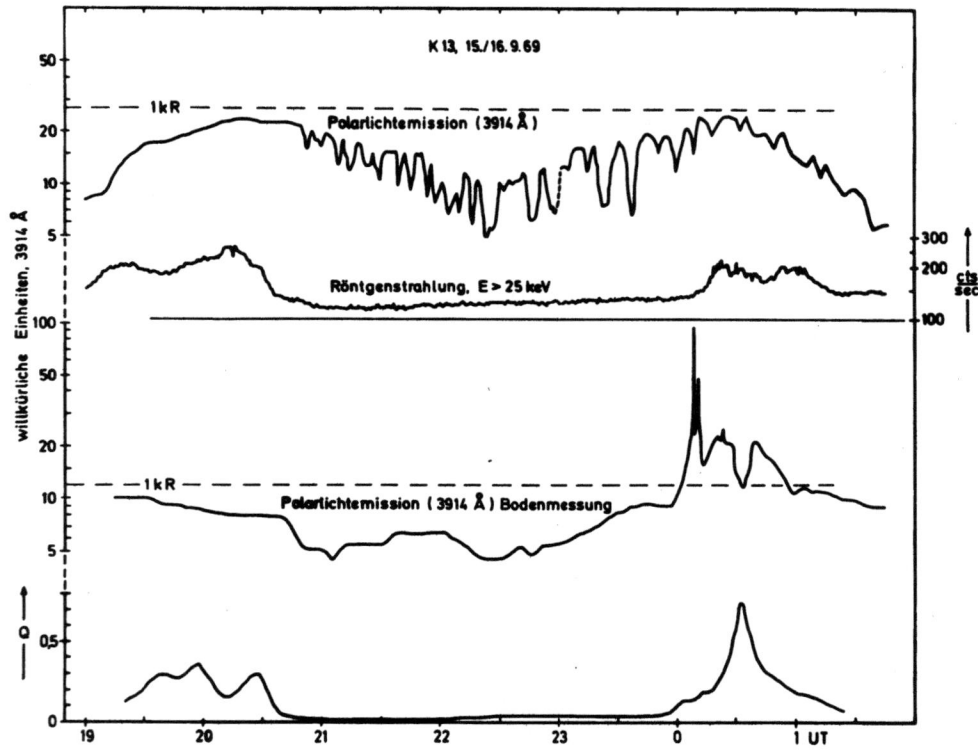

Abb. 21: Ballon- und Bodenmessungen vom 15./16.9.1969. Von oben nach unten sind graphisch dargestellt: Die Ballonmessung der Polarlichtemissionen bei λ = 3914 Å, die Daten des 25 keV-Kanals der Szintillatorsonde, die vom Boden aus gemessenen Polarlichtemissionen bei λ = 3914 Å und der Verlauf von Q.

können wandernde Elektroneneinfallsgebiete zu anderen zeitlichen Variationen führen, als die, welche bei gleichen Öffnungswinkeln zu erwarten wären. Durch die Mittelwertbildung wird diese Fehlerquelle weitgehend eingeschränkt, allerdings auf Kosten der zeitlichen Auflösung.

Q nimmt von 19.20 UT bis 20.35 UT und von 00.00 UT bis 01.20 UT Werte über 0,1 an. Das sind fast genau die Zeiten, in denen mit der Szintillatorsonde Röntgenstrahlen gemessen wurden, die, wie auch größere Q-Werte, auf höherenergetische Elektronen (E > 30 keV) im Energiespektrum der einfallenden Elektronen hinweisen. Innerhalb dieser Zeiten haben die Q-Werte und die Röntgenstrahlen jedoch voneinander verschiedene zeitliche Strukturen.

Die beiden letzten Kp-Werte vor 00.00 UT betrugen 3o bzw. 2-, der Kp-Wert von 00.00 UT bis 03.00 UT betrug 3-. Die Polarlichtemissionsmaxima und die dabei gemessenen Röntgenstrahlen fielen in die Zeiträume, für welche die Kp-Werte 3o bzw. 3- ermittelt wurden. Von 21.00 UT bis 00.00 UT wurden geringere Polarlichtemissionen registriert, der zugehörige Kp-Wert betrug 2-.

4.3 Der Aufstieg K 19/69 vom 6.10. 1969

Bei den Startvorbereitungen zu diesem Aufstieg setzten heftige Windstöße ein, sodaß der Ballon nicht genau genug gefüllt und ausgewogen werden konnte. Er erreichte daher erst um 01.00 UT eine Höhe von 20 mb, in der schon Röntgenstrahlen gemessen werden können. Bis zum Ende des Fluges um 03.30 UT stieg er weiter und erreichte einen Druck 9 mb (Abb. 22).

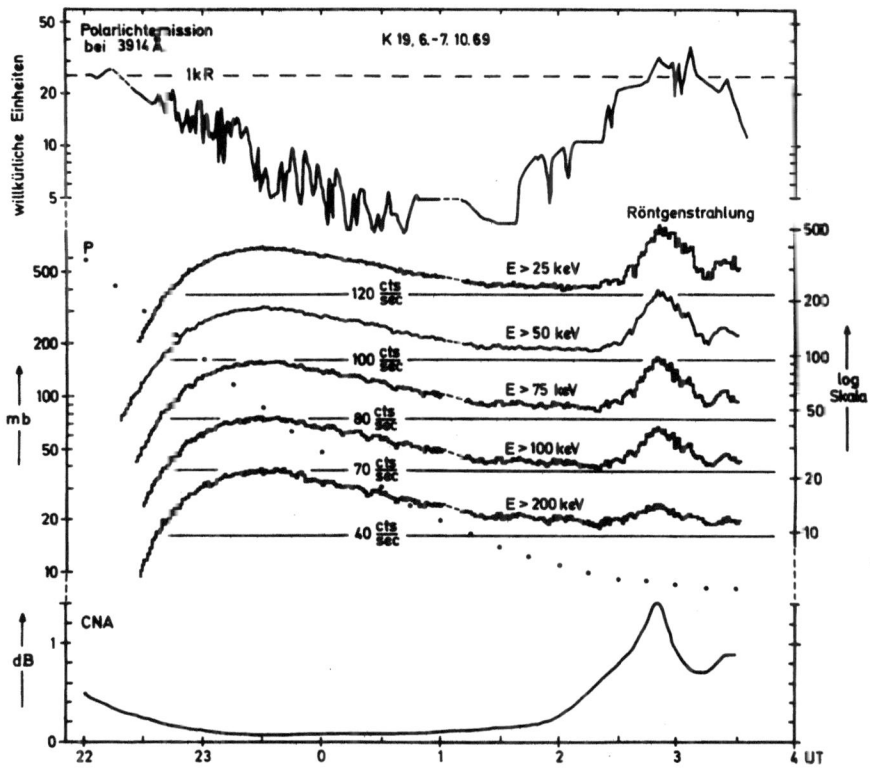

Abb. 22: Die Ballonmessungen vom 6./7.10. 1969.

Vom Start weg, genauer nach dem Durchstoß durch die Wolken, wurden Polarlichtemissionen gemessen, die bis etwa 00.40 UT kontinuierlich schwächer wurden. Dieser langsamen Abnahme waren wie bei dem Aufstieg K 13/69 kurzzeitige Schwankungen überlagert. Zu diesen Zeiten war der Ballon noch nicht hoch genug aufgestiegen, um Röntgenstrahlen messen zu können.

Von 01.40 UT an stieg die gemessene Polarlichtemissionsrate wieder an und hatte zwischen 02.40 UT bis 03.10 UT maximale Werte. Von 02.00 UT an bis zum Ende des Aufstiegs wurden von allen 5 Energiekanälen der Szintillatorsonde Röntgenstrahlen gemessen. Der Maximalwert, welcher um 02.50 UT registriert wurde, fällt in den Bereich maximaler Polarlichtemission. Die mit dem Riometer gemessene Absorption CNA nahm gleichzeitig mit dem Einsatz der Polarlichtemission um 01.40 UT zu. Ihr zeitlicher Verlauf stimmt mit dem der gemessenen Röntgenstrahlung und auch mit dem der Polarlichtemission gut überein. Die beiden Kp-Werte vor 00.00 UT und die beiden ersten Kp-Werte nach 00.00 UT betrugen in dieser Nacht der zeitlichen Reihenfolge entsprechend 3o, 2o, 2o, 3+. Für die Meßzeit von 22.00 UT bis 03.30 UT ist im Gegensatz zu den beiden vorher beschriebenen Ballonaufstiegen kein deutlicher Zusammenhang zwischen den Polarlichtemissionen und den Kp-Werten zu erkennen. Das liegt aber höchstwahrscheinlich an der Mittelwertbildung über 3 Stunden bei der Ermittlung der Kp-Werte und der Lage dieser 3-Stundenintervalle relativ zu dem zeitlichen Verlauf der Polarlichtemissionen.

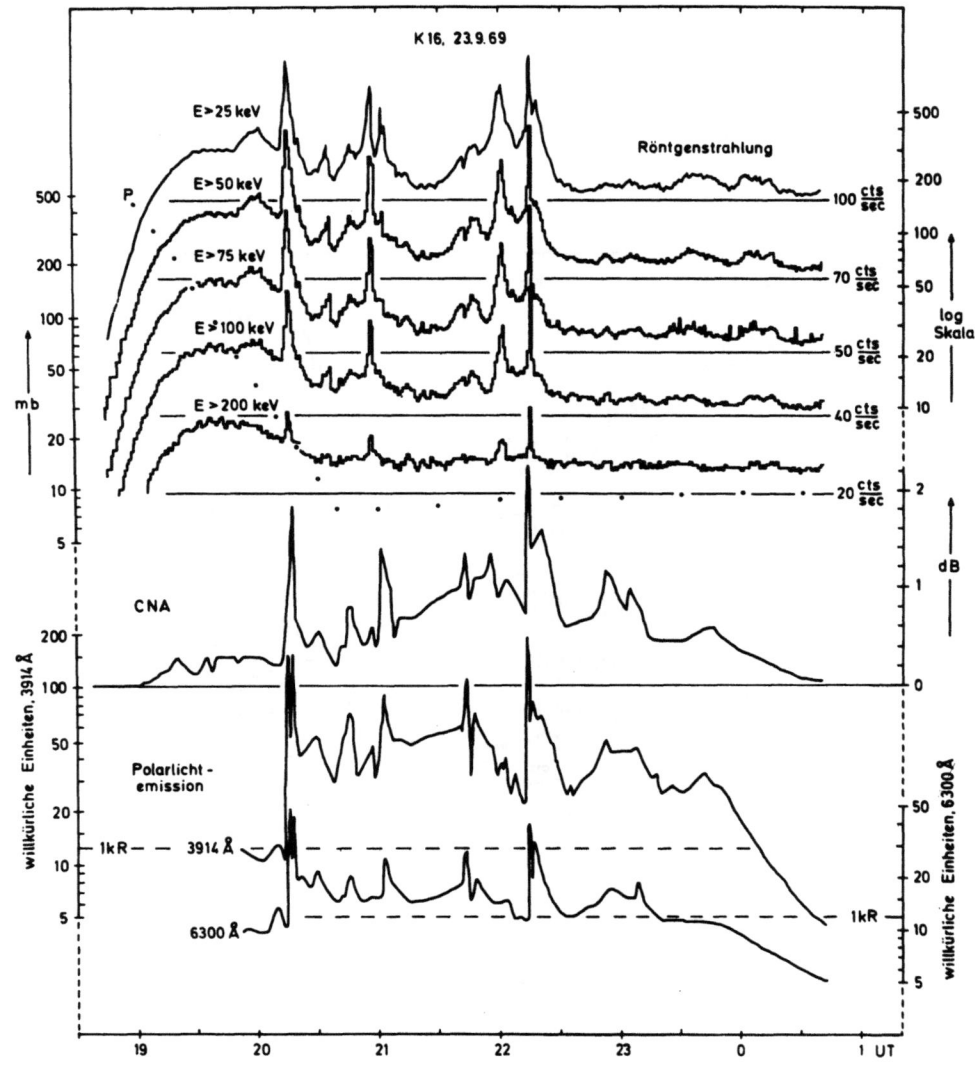

Abb. 23: Der Aufstieg K 16/69 vom 23./24.9.1969 und die zugehörigen Bodenmessungen.

4.4 Der Aufstieg K 16/69 vom 23./24.9.1969

In der Nacht vom 23.9. zum 24.9.1969 war die Forderung, daß kein Mondlicht die Atmosphäre in Ballonhöhen beleuchtet, nicht erfüllt. Da aber in dieser Nacht Röntgenstrahlungseinbrüche erwartet wurden und weil außerdem der Himmel wolkenlos war, wurde ein Ballonaufstieg mit einer Szintillatorsonde ohne Polarlichtsonde durchgeführt. In dieser Nacht wurden vom Ballon aus Röntgenstrahlen und mit dem Bodenphotometer Polarlichtemissionen von N_2^+ bei λ = 3914 Å und von [OI] bei λ = 6300 Å registriert. Diese Messungen wurden durch die Aufzeichnung der mit dem Riometer gemessenen Absorption CNA ergänzt. Die Ballonmessungen sowie die gleichzeitig vom Boden aus gemessenen Polarlichtemissionen von N_2^+ bei λ = 3914 Å und von [OI] bei λ = 6300 Å und die Riometerregistrierungen sind in Abb. 23 zusammengestellt.

In dieser Abbildung fallen im zeitlichen Verlauf der Intensitäten der Röntgenstrahlung unter anderem hauptsächlich 4 höhere Maxima auf, die in allen 5 Energiekanälen der Szintillatorsonde zu erkennen sind. Zur Zeit des 1. Maximums um 20.15 UT sowie zur Zeit des 4. Maximums um 22.15 UT wurden gleichzeitig hohe Polarlichtemissionswerte registriert. Simultan zu diesen beiden Maxima wurden außerdem starke Erhöhungen der ionosphärischen Absorption CNA gemessen. Die anderen Maxima in der Aufzeichnung der Intensitäten der Röntgenstrahlung sind nicht in so auffallender Weise von besonderen Erhöhungen der Bodenmeßwerte begleitet. In diesen Fällen traten aber trotzdem nicht unerhebliche Polarlichtemissionen auf.

Ein Versuch, alle Röntgenstrahlungsmaxima denen der Polarlichtemissionen aufgrund räumlicher Verschiebungen der Elektroneneinfallszonen zuzuordnen, ist bei diesen Messungen wenig sinnvoll. In dieser Nacht wurden vom Boden aus Bänder mit Strahlenstruktur und auch manchmal mit unterem roten Saum (Type B red aurora) beobachtet, die häufig über das Gesichtsfeld des Bodenphotometers wanderten. Dadurch können zeitliche Variationen bei der Registrierung der Polarlichtemissionen entstehen.

In Abb. 24 sind noch einmal für die Nacht vom 23. zum 24.9.1969 die Röntgenstrahlung des 25-keV Kanals der Szintillatorsonde und die mit dem Bodenphotometer gemessenen Polarlichtemissionen bei λ = 3914 Å graphisch dargestellt. Als weitere Kurve ist der Verlauf des auf Seite 26 erläuterten Quotienten Q eingezeichnet.

In Abb. 24 erkennt man, daß bei 4 der 6 Maximalwerte von Q die Polarlichtemissionsraten ebenfalls Maxima besitzen. Die beiden anderen Höchstwerte von Q um 22.00 UT und um 22.25 UT wurden 12 bzw. 8 Min. nach den Polarlichtemissionsmaxima registriert, die um 21.48 UT bzw. 22.17 UT gemessen wurden.

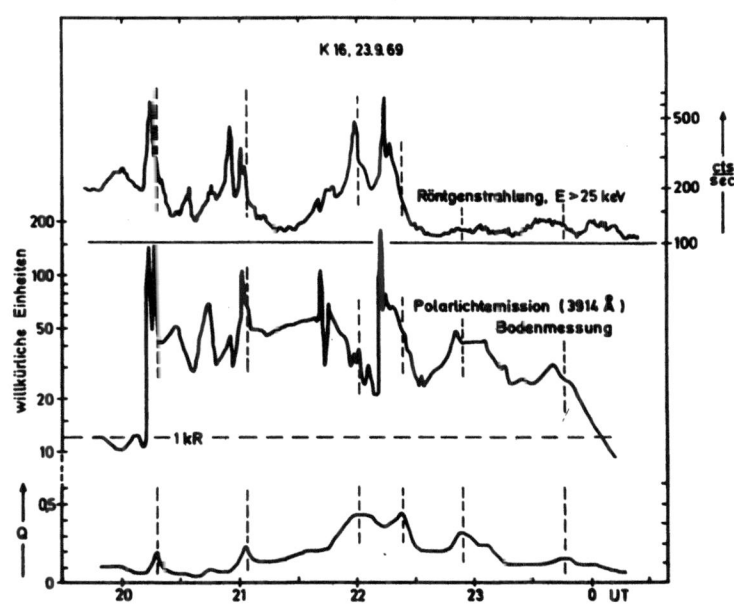

Abb. 24: Messungen vom 23./24.9.1969. Von oben nach unten sind graphisch dargestellt: Der 25-keV Kanal der Szintillatorsonde, die Polarlichtemission bei λ = 3914 Å und der Verlauf von Q.

Die ersten 4 Maxima in dem zeitlichen Verlauf von Q können eindeutig 4 Spitzen in der Aufzeichnung der Röntgenstrahlung (E > 25 keV) zugeordnet werden. Zu den Zeiten der beiden letzten Höchstwerte von Q um 22.52 UT und 23.46 UT wurden ebenfalls Röntgenstrahlen gemessen, es traten dabei aber keine ausgeprägten Maxima auf.

Bei diesen Messungen fielen die maximalen Q-Werte und ganz offensichtlich auch mindestens zwei Spitzenwerte der mit dem Ballon gemessenen Röntgenstrahlung mit den Polarlichtemissionsmaxima nahezu zusammen. Dabei erschienen in zwei Fällen die maximalen Q-Werte mit einer Verzögerung von 12 bzw. 8 Minuten hinter den Polarlichtemissionsmaxima.

4.5 Die Bodenmessungen

Die in den Nächten 14./15.9.1969, 17./18.9.1969 und 18./19.9.1969 mit dem Bodenphotometer aufgezeichneten Polarlichtemissionen von N_2^+ bei λ = 3914 Å und von [OI] bei λ = 6300 Å sind in den Abbildungen 25, 26 und 27 graphisch dargestellt. Außerdem wurden die Riometerabsorptionen CNA sowie die aus 10-Min. Mittelwerten gebildeten Q-Werte aufgezeichnet. Unter den Abbildungen sind die entsprechenden Kp-Werte angegeben.

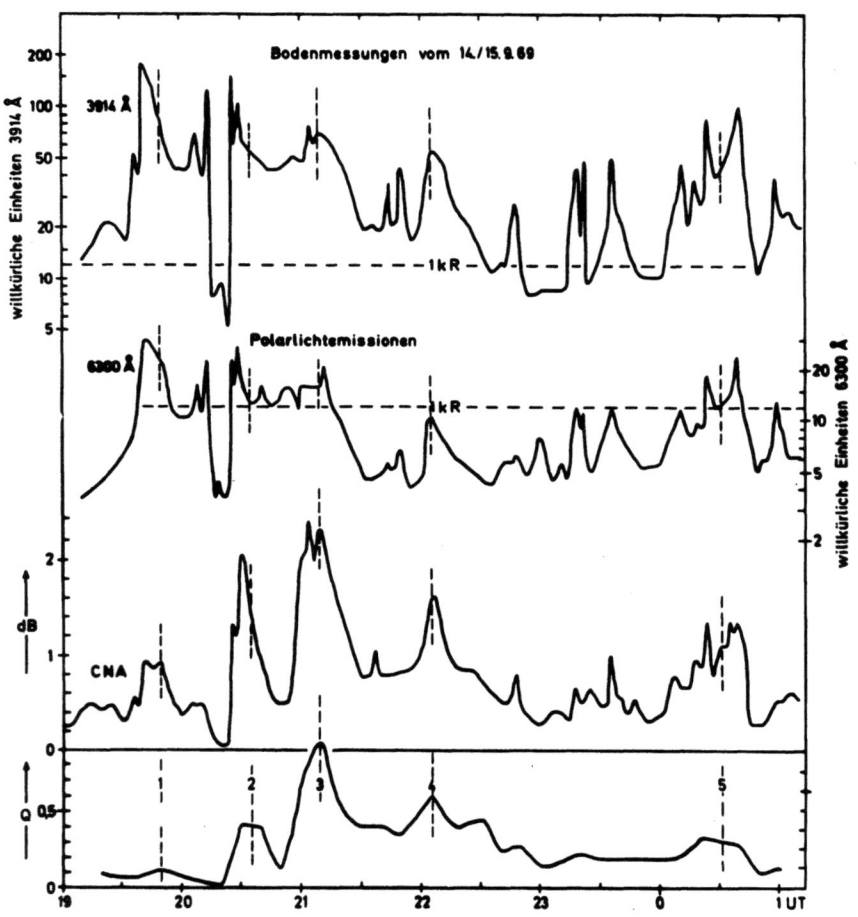

Abb. 25: Die Bodenmessungen vom 14./15.9.1969. Die Kp-Werte betrugen in den 3 Zeitintervallen von 18.00 UT bis 03.00 UT der zeitlichen Reihenfolge entsprechend: 4o, 4o, 5-.

Es wurden in insgesamt 13 Fällen ausgeprägte Maxima der Q-Werte gefunden, die sich Höchstwerten in der Aufzeichnung der Polarlichtemissionen bei λ = 3914 Å und bei λ = 6300 Å zuordnen lassen. Dabei traten in den mit 1, 2, 12 und 14 bezifferten Fällen zeitliche Verschiebungen bis zu 10 Minuten auf, bei denen die Polarlichtemissionsmaxima früher registriert wurden. Umgekehrte zeitliche Verschiebungen wurden nicht beobachtet. Das bedeutet, daß der spektrale Anteil der höherenergetischen Elektronen (E > 30 keV), die in die Atmosphäre einfallen, hauptsächlich zur Zeit der Polarlichtemissionsmaxima und auch bis zu etwa 10 Minuten danach, also beim break-up und in der Ausdehnungsphase am größten ist.

Am 17.9.1969 um 19.20 UT (Abb. 26) und am 18.9.1969 um 22.15 UT (Abb. 27) traten Polarlichtemissionsmaxima auf, ohne daß dabei Q maximale Werte erreichte.

Die anderen hier nicht aufgeführten Polarlichtemissionsmaxima sind nicht besonders ausgeprägt und erstrekken sich zeitlich nur über wenige Minuten. Da sie aufgrund räumlicher Verschiebungen eng begrenzter Polarlichter über das Gesichtsfeld des Bodenphotometers entstanden sein können, wurden sie durch Mittelwertbildung von vornherein für die Berechnung der Q-Werte abgeschwächt.

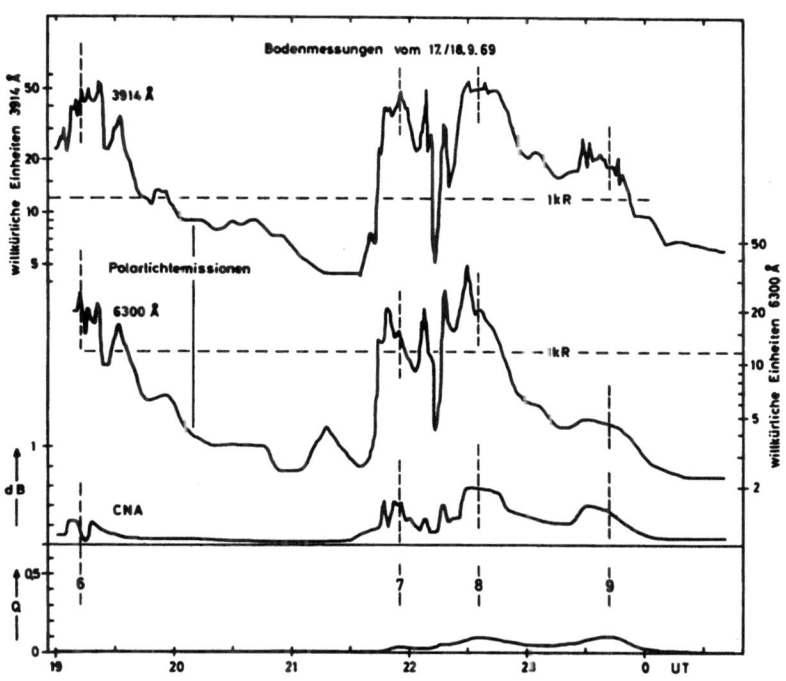

Abb. 26: Die Bodenmessungen vom 17./18.9.1969. Die Kp-Werte betrugen in den beiden Zeitintervallen von 18.00 UT bis 00.00 UT: 4- und 3-.

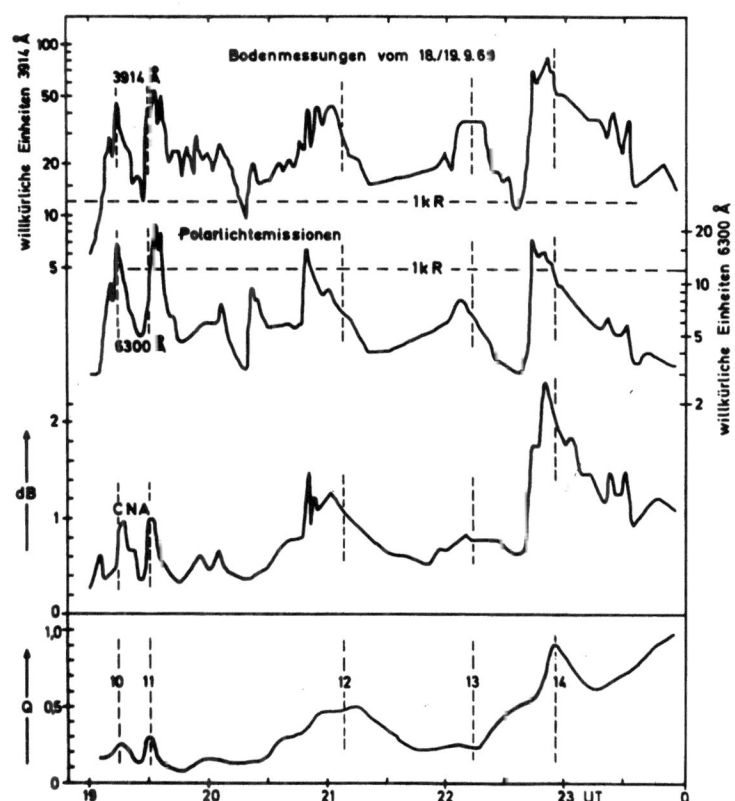

Abb. 27: Die Bodenmessungen vom 18./19.9.1969. Die Kp-Werte betrugen in den beiden Zeitintervallen von 18.00 UT bis 00.00 UT: 4+ und 3o.

Die Registrierungen der Polarlichtemissionen bei λ = 3914 Å und bei λ = 6300 Å stimmen weitgehend überein. Die Unterschiede bestehen hauptsächlich darin (vergl. auch Abb. 23), daß die Maxima in der Aufzeichnung der verbotenen [OI]-Linie bei 6300 Å oft nicht so stark ausgeprägt sind und daß die nachfolgende Abnahme der gemessenen Emissionsraten manchmal schneller erfolgt als bei der nicht verbotenen Polarlichtemission von N_2^+ bei λ = 3914 Å. Auffällige Beispiele hierfür sind in Abb. 25 um 22.00 UT und um 00.30 UT sowie in Abb. 27 um 21.00 UT und um 22.10 UT zu erkennen. Auch diese verschiedenen Variationen deuten auf Änderungen des Energiespektrums der einfallenden Elektronen hin. Der metastabile Zustand von [OI], der die Linie bei dem verbotenen Übergang $2p^4\ ^3P - 2p^4\ ^1D$, J(2-2) emittiert, hat eine mittlere Lebensdauer von 110 S [CHAMBERLAIN, 1961]. Diese Linie wird hauptsächlich von Schichten emittiert, die in 200 km Höhe und darüber liegen. In geringeren Höhen werden die metastabilen Zustände der [OI] Atome aufgrund der größeren Stoßzahl mit anderen Teilchen durch Stöße 2. Art zunehmend strahlungslos deaktiviert. Mit zunehmender Elektronenenergie verschiebt sich der Energieverlust in geringere Höhen. Das bedeutet, daß mit zunehmender Energie der Elektronen für E > 0,5 keV der Energieverlust in Höhen über 200 km und somit die Polarlichtemission von [OI] bei λ = 6300 Å abnimmt. Die Polarlichtemission von N_2^+ bei λ = 3914 Å hingegen nimmt dabei weiterhin zu [REES, 1963].

4.6 Andere veröffentlichte Messungen

WINCKLER [1959], BHAVSAR [1961] und ANDERSON und DE WITT [1963] haben mit Ballonmessungen Röntgenstrahlen und gleichzeitig mit Hilfe von all-sky Kameras vom Boden aus Polarlichtemissionen beobachtet. Sie fanden dabei gute Korrelationen zwischen den zeitlichen Variationen der beiden Erscheinungen.

BARCUS [1965] und ROSENBERG [1965] haben Ballonaufstiege zur Messung von Polarlichtemissionen und Röntgenstrahlung von derselben Nutzlast aus durchgeführt. Diese Meßmethode wurde auch bei den in dieser Arbeit beschriebenen Messungen angewendet. Sie haben neben Fällen mit guten Korrelationen zwischen Polarlichtemissionen und Röntgenstrahlen auch solche Fälle beobachtet, bei denen Polarlichtemissionen gemessen wurden, ohne daß gleichzeitig Röntgenstrahlung auftrat. Im Gegensatz zu den Ergebnissen der hier vorliegenden Arbeit haben BARCUS und ROSENBERG auch intensive Röntgenstrahlungseinbrüche registriert, die von keinen bzw. nur von schwachen Polarlichtemissionen begleitet waren. Das steht im Widerspruch zu den Berechnungen von REES [1963]. Danach nehmen die Polarlichtemissionen von N_2^+ bei λ = 3914 Å mit zunehmender Elektronenenergie nicht ab, sondern sogar noch zu. Das heißt aber, daß Röntgenstrahlungseinbrüche nach diesen Berechnungen auf jeden Fall von Polarlichtemissionen bei λ = 3914 Å begleitet sein müssen. Es wird vermutet, daß die verschiedenen, sich widersprechenden Ergebnisse auf die unterschiedlichen Meßanordnungen zurückgeführt werden können. Das optische System der von BARCUS und ROSENBERG benutzten Polarlichtsonden ist nur für Photonen empfindlich, die unter einem Zenitwinkel ϑ mit $10° \leq \vartheta \leq 40°$ auf die Polarlichtsonde auftreffen. Für einen Einfallswinkel ϑ = 30° hat diese Sonde ihre größte Empfindlichkeit. Zudem wurden mit dieser Sonde Polarlichtemissionen im langwelligen UV-Bereich (2500 $\leq \lambda \leq$ 3500 Å) registriert, also nicht bei einer festen Wellenlänge und auch nicht im sichtbaren Bereich. Es kann auch sein, daß die Empfindlichkeit der Sonden nicht groß genug war, sodaß lediglich intensivere Polarlichtemissionen registriert werden konnten.

PILKINGTON et al. [1968] haben mit Hilfe eines Ballonaufstiegs Röntgenstrahlung gemessen und gleichzeitig mit einem Bodenphotometer, das mit beweglichen Spiegeln ausgestattet ist, den Himmel über dem Ballon abgetastet. Bei räumlich und zeitlich schnell variierenden Polarlichtern während einer break-up-Phase fanden sie in 9 von 14 Fällen eine gute Übereinstimmung der Variationen von Polarlichtemissionen und der von Röntgenstrahlungen. In einem Fall wurden Polarlichtemissionen und keine Röntgenstrahlen gemessen. In den 3 anderen Fällen wurden intensivere Röntgenstrahlungseinbrüche registriert, mit dem Photometer hingegen wurden keine Polarlichtemissionen angezeigt. In diesen 3 Fällen sind allerdings aktive Polarlichte außerhalb des Gebietes beobachtet worden, das mit dem Bodenphotometer abgetastet wurde, jedoch noch innerhalb 100 km Zenitabstand vom Ballon. Unter solchen Winkeln ϑ einfallende Röntgenstrahlung kann von dem Ballongerät noch angezeigt werden. Ein Zenitabstand von 100 km zum Ballon entspricht einem Einfallswinkel ϑ von etwa 55°. Offensichtlich wurden die gemessenen Röntgenstrahlen in diesen Gebieten aktiver Polarlichter erzeugt.

5. Die Meßergebnisse und ihre Bedeutung für das Energiespektrum der in die Atmosphäre einfallenden Elektronen

Bei den in den vorangegangenen Abschnitten beschriebenen Ballonaufstiegen wurden insgesamt in sechs Fällen erhöhte Polarlichtemissionen von N_2^+ bei $\lambda = 3914$ Å gemessen. Hierbei handelte es sich um einzelne, schwächere Ereignisse, die zugehörigen Kp-Werte lagen zwischen 3- und 3+. Bei vier dieser Ereignisse wurden Röntgenstrahlungen registriert. In den beiden anderen Fällen wurden keine Röntgenstrahlen gemessen, die Ballone waren hierbei allerdings noch nicht bis zu ihren Gipfelhöhen aufgestiegen. Es ist daher möglich, daß auch bei diesen Ereignissen Röntgenstrahlung aufgetreten ist.

Aus den zeitlichen Variationen der Ballonmeßdaten ist ersichtlich, daß die Polarlichtemissionen etwa 0,5 bis 1,5 Stunden vor Beginn der Röntgenstrahlungseinbrüche anstiegen. Erst nachdem die Polarlichtemissionen, von kurzzeitigen Schwankungen abgesehen, eine Schwelle von etwa 0,5 kR überschritten hatten, setzte Röntgenstrahlung ein. Ähnlich war das Verhalten beim Abklingen der Polarlichtemissionsraten. Polarlichtemissionen wurden noch registriert, nachdem die Intensitäten der Röntgenstrahlungen soweit abgesunken waren, daß sie nicht mehr aus dem durch die Kosmische Strahlung bedingten Untergrund nachgewiesen werden konnten. Für das Ende der Röntgenstrahlungseinbrüche kann ebenfalls eine Schwelle von etwa 0,5 kR der Polarlichtemissionen angegeben werden. Die Abnahme der Polarlichtemissionen in der Erholungsphase erfolgte in den beobachteten Fällen in erster Näherung exponentiell. Die Ereignisse dauerten in Übereinstimmung zu den Beobachtungen von AKASOFU [1964] etwa drei Stunden.

Die mit dem Riometer gemessenen ionosphärischen Absorptionen dauerten nicht so lange an, wie die Polarlichtemissionen, jedoch länger, als die Röntgenstrahlungseinbrüche.

Aus diesen Beobachtungen läßt sich über das Energiespektrum der während eines Teilsturms in die Atmosphäre einfallenden Elektronen folgendes aussagen:

In der Anfangsphase fallen nur niederenergetische Elektronen mit Energien E < 30 keV in die Atmosphäre ein. Diese Phase kann 1,5 Stunden dauern. Erst wenn die Intensität der einfallenden Elektronen einen Mindestwert erreicht hat, dem Polarlichtemissionen von N_2^+ bei $\lambda = 3914$ Å von etwa 0,5 kR entsprechen, werden höherenergetische Elektronen (E > 30 keV) beobachtet. Das trifft vor allem für die break-up- und für die Ausdehnungsphase zu. In der Abklingphase nimmt der höherenergetische Anteil im Energiespektrum der Elektronen wieder ab und fehlt schließlich ganz.

Dieses Meßergebnis stimmt gut mit Raketenmessungen überein, bei denen, allerdings jeweils nur für wenige Minuten, Energiespektren von Elektronen direkt gemessen wurden. Abb. 28 zeigt eine Zusammenstellung von Energiespektren, die über ruhigen Polarlichtern (homogene Bögen) in Anfangsphasen gemessen wurden [WHALEN et al., 1969]. Aus diesen Raketenmessungen erkennt man, daß die Energiespektren der Elektronen in der Anfangsphase eines Polarlichtteilsturms bzw. über ruhigen, homogenen Bögen auf den niederenergetischen Bereich bis etwa 10 keV beschränkt sind. In der Anfangsphase sind daher keine meßbaren Röntgenstrahlen zu erwarten.

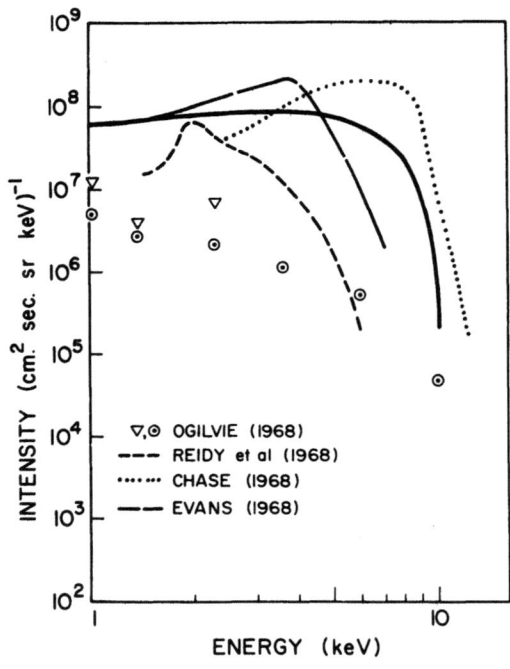

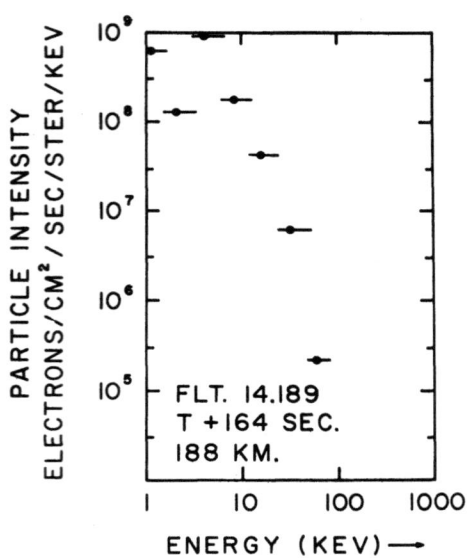

Abb. 28: Mehrere Energiespektren von Elektronen, die mit Raketen über ruhigen Polarlichtern gemessen wurden.

Abb. 29: Ein Energiespektrum von Elektronen, das mit einer Rakete über aktiven Polarlichtern gemessen wurde.

Abb. 29 zeigt ein Energiespektrum von Elektronen, das über aktiven Polarlichtern gemessen wurde [EVANS, 1967]. In Abb. 30 sind mehrere Spektren zusammengestellt, die mit Raketen über break-up- und Ausdehnungsphasen registriert wurden [WHALEN et al., 1969]. Diese Abbildungen veranschaulichen, wie verschieden die Energiespektren der über aktiven Polarlichtern einfallenden Elektronen sein können. Dabei treten häufig Elektronen mit Energien von 100 keV und mehr auf. Im niederenergetischen Bereich beobachtet man oft Spitzen, die zwischen 1 und 10 keV liegen [EVANS, 1969].

Die Bodenregistrierungen gestatten ebenfalls Abschätzungen über Variationen des Energiespektrums der in die Atmosphäre einfallenden Elektronen.

Bei dem Aufstieg K 13/69 vom 15.9.1969 wurden bei klarem Nachthimmel zusätzlich vom Boden aus Polarlichtemissionen und CNA gemessen. Dabei wurden während der Polarlichtemissionsmaxima höherenergetische Elektronen mit Energien $E > 30$ keV nahezu gleichzeitig vom Ballon aus durch Röntgenstrahlungseinbrüche und vom Boden aus durch Erhöhungen der Q-Werte angezeigt (Abb. 21).

Während des Aufstiegs K 16/69 vom 23.9.1969, bei dem eine Szintillatorsonde ohne Polarlichtsonde geflogen wurde, da das Mondlicht zu stark war und in drei weiteren Nächten wurden Messungen vom Boden aus durchgeführt. Diese Messungen zeigen aufgrund von Vergleichen der zeitlichen Variationen der Polarlichtemissionen mit denjenigen der Q-Werte und am 23.9.1969 auch mit denen der Röntgenstrahlung folgendes: Der spektrale Anteil der höherenergetischen Elektronen mit Energien $E > 30$ keV ist hauptsächlich zu den Zeiten maximaler Polarlichtemissionen (break-up-Phase) und auch bis zu etwa 15 Minuten danach (Ausdehnungsphase) am größten. Dabei ist aber ein enger Zusammenhang zwischen der Größe des Anteils der höherenergetischen Elektronen ($E > 30$ keV), für die Q als Maßzahl gelten soll, und der Höhe der Polarlichtemissionsmaxima aus diesen Messungen nicht zu erkennen. Es kann auch vorkommen, daß bei stärkeren Polarlichtemissionen der Anteil der höherenergetischen Elektronen ($E > 30$ keV) nicht ansteigt.

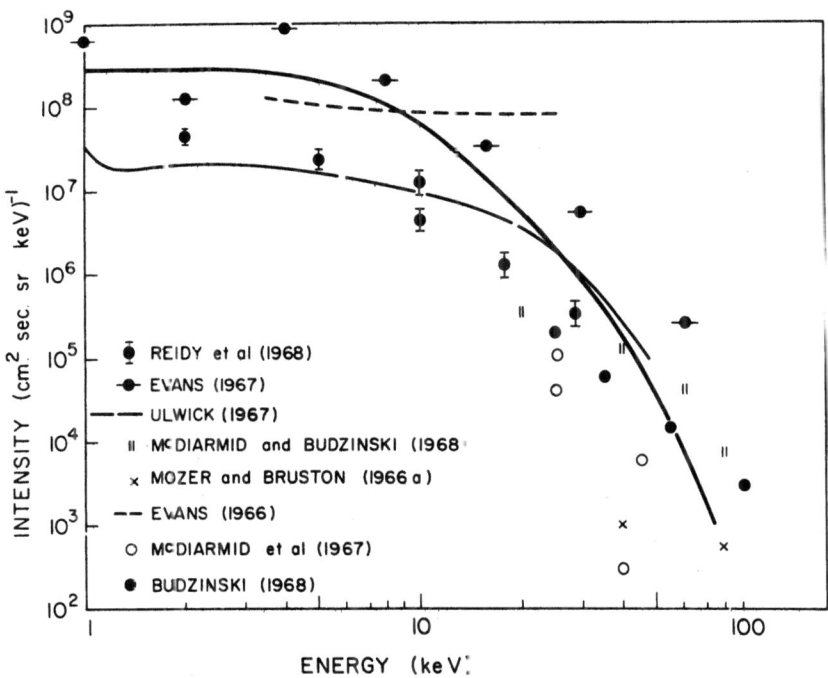

Abb. 30: Mehrere Energiespektren von Elektronen, die mit Raketen über aktiven Polarlichtern gemessen wurden.

BERKEY [1968] und GUSTAFSSON [1969] sind bei den Untersuchungen von Polarlichtemissionen und ionosphärischen Absorptionen zu ähnlichen Resultaten gekommen. Beide Autoren zeigten außerdem auf statistischer Basis, daß Q und somit der Anteil der höherenergetischeren Elektronen bei Polarlichtemissionen im Mittel von den Abendstunden bis zu den Morgenstunden kontinuierlich ansteigt.

Die Ergebnisse, die aus den Ballonmessungen bei schwachen Polarlichtteilstürmen gewonnen wurden und die Meßergebnisse der Bodenregistrierungen, bei denen auch stärkere Polarlichtemissionen beobachtet wurden, sind gut miteinander vereinbar.

6. Zusammenfassung

In der vorliegenden Arbeit wird eine neuartige Polarlichtballonsonde beschrieben. Das Besondere dieser Sonde besteht darin, daß die Richtungsempfindlichkeit des optischen Systems derjenigen der Szintillatorsonde angepaßt ist. Bei einem vollen Öffnungswinkel von 100° können Polarlichtemissionen bei bestimmten Wellenlängen - hier bei 3914 Å - gemessen werden. Das optische System der Sonde enthält ein Interferenzfilter, eine Plexiglaslinse und eine Glaslinse. Dabei spielt die Plexiglaslinse, deren Profil berechnet wurde, eine entscheidende Rolle.

Diese Polarlichtsonden wurden mit bereits früher entwickelten Szintillatorsonden, die zur Messung von Röntgenstrahlen dienen, zu je einer Flugeinheit zusammengekoppelt. Damit wurde die Möglichkeit geschaffen, Simultanmessungen von Polarlichtemissionen von N_2^+ bei $\lambda = 3914$ Å und von Röntgenstrahlungseinbrüchen von derselben Nutzlast aus in Ballonhöhen (30 - 35 km) durchzuführen. Solche Messungen gestatten Rückschlüsse auf Variationen des Energiespektrums der in die Atmosphäre einfallenden Elektronen.

Im Herbst 1968 und im Herbst 1969 sind 3 Ballone mit den in dieser Arbeit beschriebenen Flugeinheiten gestartet worden. Dabei wurden Polarlichtemissionen von N_2^+ bei $\lambda = 3914$ Å und Röntgenstrahlen gemessen. Ein weiterer Aufstieg in einer Nacht ohne Polarlichter lieferte wertvolle Messungen der Dämmerungs- und Nachthelligkeiten, die als Untergrundhelligkeiten bei der Auswertung der anderen Aufstiege berücksichtigt wurden. Bei einem 5. Aufstieg wurde lediglich eine Szintillatorsonde zur Messung von Röntgenstrahlung geflogen. In dieser Nacht sowie an anderen Nächten konnten bei wolkenlosem Himmel Polarlichtemissionen von N_2^+ bei $\lambda = 3914$ Å und von [OI] bei $\lambda = 6300$ Å mit einem Bodenphotometer gemessen werden. Alle Aufstiege und alle Bodenmessungen wurden durch Aufzeichnungen der Absorption der kosmischen Radiostrahlung bei 30 MHz ergänzt.

Bei den Ballonaufstiegen wurden in 6 Fällen Polarlichtemissionen gemessen. In 4 dieser 6 Fälle wurden zu den Zeiten der Polarlichtemissionsmaxima Röntgenstrahlungen nachgewiesen. Bei den beiden anderen Polarlichtemissionsmaxima wurden keine Röntgenstrahlen registriert, die Ballone waren in diesen Fällen jedoch noch nicht bis zu ihren Gipfelhöhen aufgestiegen. Aus den Ballonaufstiegen wurde folgendes über die zeitlichen Variationen des Energiespektrums der einfallenden Elektronen gefunden:

In der Anfangsphase eines Polarlichtteilsturms dringen nur niederenergetische Elektronen mit Energien $E < 30$ keV in die Atmosphäre ein. Erst wenn die Polarlichtemissionen von N_2^+ bei $\lambda = 3914$ Å eine Schwelle von etwa 0,5 kR überschreiten, werden auch höherenergetische Elektronen mit Energien $E > 30$ keV beobachtet. Das trifft hauptsächlich in der break-up- und in der Ausdehnungsphase zu. In der Erholungsphase verringert sich der spektrale Anteil der höherenergetischen Elektronen ($E > 30$ keV) wieder und fehlt schließlich ganz.

Aus den Simultanmessungen von Polarlichtemissionen und ionosphärischen Absorptionen vom Boden aus konnten ebenfalls Variationen des Energiespektrums der einfallenden Elektronen nachgewiesen werden. Auch dabei wurde gefunden, daß der spektrale Anteil der höherenergetischen Elektronen ($E > 30$ keV) hauptsächlich zu den Zeiten maximaler Polarlichtemissionen und auch bis zu etwa 15 Minuten später Höchstwerte annimmt.

Summary

In the present paper a radio sonde for balloon observations of auroral luminosity is described. The special feature of this sonde is that the directional sensitivity function of the optical system matches that of the scintillation sonde developed earlier. Auroral luminosity can be measured at certain wavelengths (3914 Å) with a full opening angle of $100°$. The optical system of the sonde contains an interference filter, a lens of plexiglas, and a glass lens. The plexiglas lens is the most important one. Its profile was computed as shown in this paper.

Each photometric radio sonde has been combined with a previously developed X-ray scintillation sonde, forming a single flight unit. Thus it becomes possible to conduct simultaneous measurements of auroral luminosity of N_2^+ at $\lambda = 3914$ Å and of X-rays with the same payload at balloon altitudes (30 - 35 km). From such measurements conclusions may be drawn on variations of the energy spectrum of electrons precipitating into the atmosphere.

With these flight units, described in the present paper, 3 balloons were launched in autumn 1968 and in autumn 1969. During these flights the auroral luminosities of N_2^+ at $\lambda = 3914$ Å and X-rays have been measured. Another night flight under non-auroral conditions yielded valuable measurements of the dawn- and nightbrightnesses. These were used as background brightnesses in the analyses of the other flights. During the 5th flight only a scintillation sonde was flown to measure X-rays. During this and other cloudless nights auroral luminosities of N_2^+ at $\lambda = 3914$ Å and of [OI] at $\lambda = 6300$ Å were measured with a ground photometer. All flights and all ground measurements have been supplemented by records of the cosmic noise absorption at 30 MHz.

During the balloon flights auroral luminosities have been measured in 6 cases. In 4 of these 6 cases X-rays have been demonstrated at the times of maximum auroral luminosities. At the times of the two other maxima of auroral luminosities no X-rays have been registered, however, the balloons have not reached their maximum altitudes. Pertaining to the time variations of the energy spectra of the precipitating electrons the following has been found:

Only low energy electrons with energies $E < 30$ keV enter the atmosphere in the initial phase of an auroral substorm. If the auroral luminosity of N_2^+ at 3914 Å crosses a threshold of about 0,5 kR higher energy electrons of $E < 30$ keV can also be observed. This happens mainly in the phase of break-up and in the expansion phase. The spectral part of the higher energy electrons ($E > 30$ keV) decreases in the recovery phase and finally vanishes.

From simultaneous ground measurements of auroral luminosity and auroral absorption variations in the energy spectrum of the precipitating electrons could be shown. It was also found that the higher energy electrons ($E > 30$ keV) are usually most intense at times of maximum auroral luminosities of N_2^+ at 3914 Å. Some cases, however, have been found in which the higher energy electrons occur within a 15 min. interval after the maximum luminosities.

Der Verfasser ist den Direktoren des Instituts für Stratosphärenphysik am Max-Planck-Institut für Aeronomie Herrn Prof. Dr. A. Ehmert und Herrn Prof. Dr. G. Pfotzer, die diese Arbeit anregten, für ihr förderndes Interesse am Fortgang der Arbeit und für die Möglichkeit, diese Dissertation am Institut durchzuführen, sehr dankbar.

Herrn Dr. G. Kremser danke ich für zahlreiche wertvolle Diskussionen und Hinweise.

Der tatkräftige Einsatz der Herren G. Flentje, E. Frank und G. Spitz bei der Durchführung der Ballonaufstiege in Kiruna hat viel zum Gelingen dieser Arbeit beigetragen. Ihnen und den Meistern der Werkstatt Herrn W. Kiefert und Herrn A. Graf, die viele technische Probleme sorgfältig meisterten und allen namentlich nicht genannten gebührt Dank und Anerkennung.

Ganz besonders dankt der Verfasser dem Direktor des Geophysikalischen Observatoriums in Kiruna Herrn Prof. Dr. B. Hultqvist und den Mitarbeitern an diesem Institut für die erwiesene Gastfreundschaft und zuvorkommende Unterstützung.

7. Literaturverzeichnis

AKASOFU, S.J.:	The development of the auroral substorm. - Planet. Space Sci. 12, 273, 1964.
AKASOFU, S.J.:	Dynamic morphology of auroras. - Space Sci. Rev. 4, 498, 1965.
AKASOFU, S.J.:	Polar and magnetospheric substorms. - D. Reidel Publ. Comp. Dordrecht-Holland, 1968.
ANDERSON, K.A. and R. DE WITT:	Space-time association of auroral glow and X-rays at balloon altitude. - J. Geophys. Res. 68, 2669, 1963.
BARCUS, J.R.:	Balloon observations on the relationship of energetic electrons to visual aurora and auroral absorption. - J. Geophys. Res. 70, 2135, 1965.
BARTELS, J.:	Annals of the IGY 4, 227, 1957.
BERKEY, F.T.:	Coordinated measurements of auroral absorption and luminosity using the narrow beam technique. - J. Geophys. Res. 73, 319, 1968.
BHAVSAR, P.D.:	Scintillation-counter observations of auroral X-rays during the geomagnetic storm of May 12, 1959. - J. Geophys. Res. 66, 679, 1961.
CARIUS, H.J.:	Eine Untersuchung der im Max-Planck-Institut-Lindau/Harz entwickelten Szintillations-Ballonsonden. - Diplomarbeit, Lindau/Harz, 1969.
CHAMBERLAIN, J.W.:	Physics of the aurora and the airglow. - p. 579, Academic Press, 1961.
EATHER, R.H.:	Spectral intensity ratio in proton-induced auroras. - J. Geophys. Res. 73, 119, 1968.
EVANS, D.S.:	Rocket observations of low-energy auroral electrons. - Aurora and Airglow, ed. by B.M. McCormac, Reinhold Publishing Corporation, 191-209, 1967.
EVANS, D.S.:	Fine structure in the energy spectrum of low-energy auroral electron. - Atmospheric Emission, ed. by B.M. McCormac and A. Ohmholt, Van Nostrand Reinhold Company, 93-106, 1969.
GUSTAFSSON, G.:	Spatial and temporal relations between auroral emission and cosmic noise absorption. - Planet. Space Sci. 17, 1961, 1969.
HUNTEN, D.M., F.E. ROACH and J.W. CHAMBERLAIN:	A photometric unit for the airglow and the aurora. - J. Atm. Terr. Phys. 8, 345, 1956.
HOLT, O. and A. OHMHOLT:	Auroral luminosity and absorption of cosmic radio noise. - J. Atm. Terr. Phys. 24, 467, 1962.
JOHANNSEN, O.E.:	Variations in energy spectrum of auroral electrons detected by simultaneous observations with photometer and riometer. - Planet. Space Sci. 13, 225, 1965.
JONES, A.V.:	Auroral spectrocopy. - Atmospheric Emission, ed. by B.M. McCormac and A. Ohmholt, Van Nostrand Reinhold Company, 1969.
KREMSER, G.:	Über den Zusammenhang zwischen Röntgenstrahlungsausbrüchen in der Polarlichtzone und bayartigen magnetischen Störungen. - Mitt. a. d. MPI f. Aeronomie, Nr. 14, 1964.
KREMSER, G.:	Some characteristics of auroral zone X-rays. - Atmospheric Emission, ed. by B.M. McCormac and A. Ohmholt, Van Nostrand Reinhold Company, 1969.

LITTLE, C.G. and H. LEINBACH: The riometer, a device for continuous measurements of ionospheric absorption. - Proc. IRE, 47, 315, 1959.

MERELITH, L.H., M.B. GOTTLIEB and J.A. VAN ALLEN:
Direct measurements of soft radiation above 50 km in the auroral zone. - Phys. Rev. 97, 201, 1955.

NEUGEBAUER, M. and C.W. SNYDER: The mission of Mariner II, preliminary observations. - Science, 138, 1095, 1962.

O'BRIEN, B.J.: Life-times of outer zone electrons and their precipitation into the atmosphere. - J. Geophys. Res. 67, 3687, 1962.

O'BRIEN, B.J. and H. TAYLOR: High latitude geophysical studies with satellite INJUN 3. - J. Geophys. Res. 69, 13, 1964.

PFOTZER, G., A. EHMERT, H. ERBE, E. KEPPLER, B. HULTQVIST, J. ORTNER:
A contribution to the morphology of X-ray bursts in the auroral zone. - J. Geophys. Res. 67, 575, 1962.

PFOTZER, G., A. EHMERT, E. KEPPLER:
Time pattern of ionising radiation in balloon altitudes in high latitudes. - Mitt. a. d. MPI f. Aeronomie, Nr. 9 (S), Part A, B, 1962.

PILKINGTON, G.R., C.D. ANGER and T.A. CLARK:
Auroral X-rays and their association with rapidly changing auroral forms. - Planet. Space Sci. 16, 815, 1968.

REES, M.H.: Auroral ionisation and excitation by incident energetic electrons. - Planet. Space Sci., 11, 1209, 1963.

RICHTER, K.: Conditions for balloon observations of auroral emissions from Kiruna. - SPARMO-Bulletin, Vol. III, No. 4, 19, 1969.

ROSENBERG, Observations on the association of auroral luminosity with auroral X-rays and cosmic noise absorption. - J. Atm. Terr. Phys. 27, 751, 1965.

SAEGER, K.H.: Description of the SPARMO detector SC 67. - SPARMO-Bulletin, Vol. III, No. 1, 61, 1968.

SEILER, E. und W. KERTZ: Der polare Elektrojet. - Z. Geophys. 33, 371, 1967.

WHALEN, B.A. and J.B. McDIARMID: Summary of rocket measurements of auroral particle precipitation. - Atmospheric Emission, ed. by B.M. McCormac and A. Ohmholt, Van Nostrand Reinhold Company, 1969.

WHITE, G.R.: X-ray attenuation coefficient from 10 keV to 100 MeV. - Unpublished NBS Report 1003, 1952.

WILHELM, K. und G. KREMSER: Über den magnetosphärischen Teilsturm. - Mitt. a. d. MPI f. Aeronomie Nr. 40, 1970.

WINCKLER, J.R., L. PETERSON, R. HOFFMAN and R. ARNOLDY:
Auroral X-rays, cosmic rays and related phenomena. - J. Geophys. Res. 64, 597, 1959.

8. Anhang

In diesem Kapitel werden die wichtigsten technischen Einzelheiten der Polarlichtsonde und die optischen Systeme des Bodenphotometers kurz erläutert.

8.1 Die Elektronik der Polarlichtsonde

Abb. 31 zeigt das Schaltbild der Polarlichtsonde.

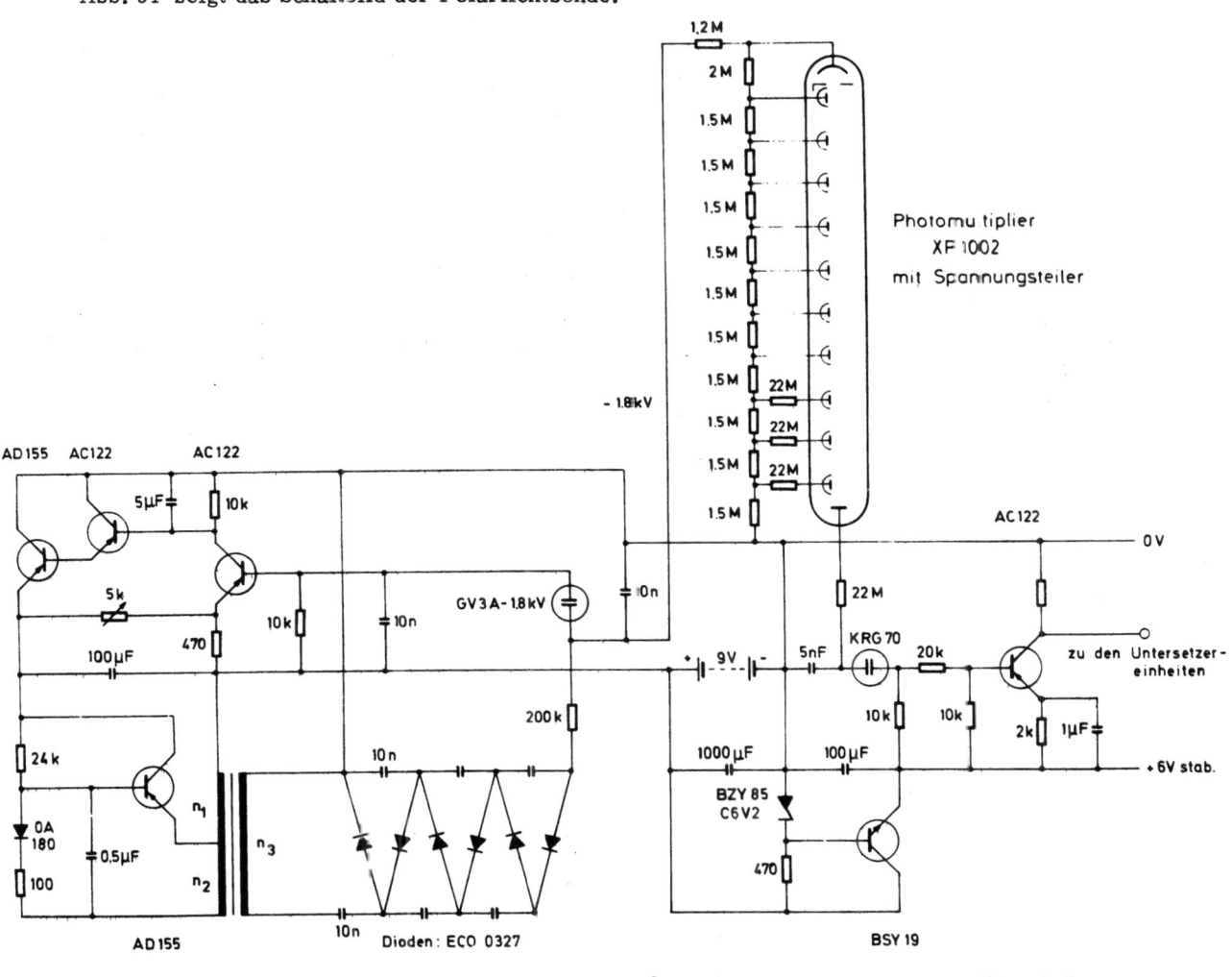

Abb. 31: Das Schaltbild der Polarlichtsonde. Die Daten des Transformators in der HV-Schaltung lauten:

n_1 = 45 W   0,25 Cul
n_2 = 15 W   0,25 Cul
n_3 = 1800 W   0,07 Cul
Kern: 535 156
303-B1A

Die Hochspannungsversorgung des Photomultipliers enthält einen Oszillator, dessen Ausgangsspannung hochtransformiert und mit Hilfe einer Kaskadenschaltung gleichgerichtet wird. Die Hochspannung wird mit einer Glimmröhre stabilisiert. Die Hochspannungsschaltung enthält außerdem einen Regelkreis, der bewirkt, daß der Strom durch den Glimmröhrenstabilisator für Batteriespannungen von 7 - 10 V, für Belastungen der Hochspannung bis zu 250 µA und in dem Temperaturbereich von +20° bis -30°C nicht unter ungefähr 30 µA absinkt aber auch nicht mehr als 90 µA beträgt. Damit ist in den angegebenen Bereichen die Hochspannung hinreichend konstant.

Die drei letzten Dynoden vor der Photokathode des Multipliers und die Photokathode sind über 22 MΩ - Widerstände mit dem Spannungsteiler bzw. mit der Kippschaltung verbunden. Das hat zur Folge, daß der Anodenstrom des Photomultipliers nicht über 20 µA ansteigt (Abb. 17). Die Anodenströme können daher bei Lichtschwankungen um mehrere Größenordnungen mit einer einfachen Glimmröhrenkippschaltung für die Übertragung bzw. für die Aufzeichnung digitalisiert werden. Zur Spannungsversorgung der Kippschaltung und der Untersetzereinheiten wurde aus der Batteriespannung, die während eines Fluges von 10 bis auf 7 V absinken kann, mit Hilfe einer Zenerdiode eine auf 6 V stabilisierte Spannung hergestellt.

Bei Temperatur- und Batteriespannungsschwankungen in den genannten Bereichen betragen die Meßabweichungen nicht mehr als 10 %.

Das entsprechende Schaltbild des Bodenphotometers unterscheidet sich in folgenden Punkten von dem der Polarlichtsonde:

1. Bei dem Bodenphotometer wird die Elektronik mit einer bereits stabilisierten Spannung von 7,5 V betrieben.
2. Die Ladekondensatoren der beiden Kippschaltungen des Bodenphotometers betragen nicht 5 nF sondern nur 1,6 nF.

8.2 Der Aufbau der Polarlichtsonde

In Abb. 32 ist der Aufbau der Polarlichtsonde dargestellt.

Das optische System und der Photomultiplier XP 1002 befinden sich in einem Aluminiumrohr. Um unerwünschte Lichtreflexionen weitgehend auszuschalten, wurde die Innenwand des Rohres von dem Interferenzfilter ab bis zu der Blende, die sich in der Brennebene der Glaslinse befindet (Abb. 6), mit einem Gewinde versehen und mit optischem Lack geschwärzt. Die Innenseite des aus Messing bestehenden Rohrstückes zwischen der Plexiglaslinse und dem Interferenzfilter wurde verchromt. Der Sockel des Photomultipliers sowie der Spannungsteiler und die Hochspannung führenden Teile der Hochspannungsversorgung befinden sich in einem Aluminiumgehäuse. Dieses Gehäuse ist starr mit dem Rohr, wel-

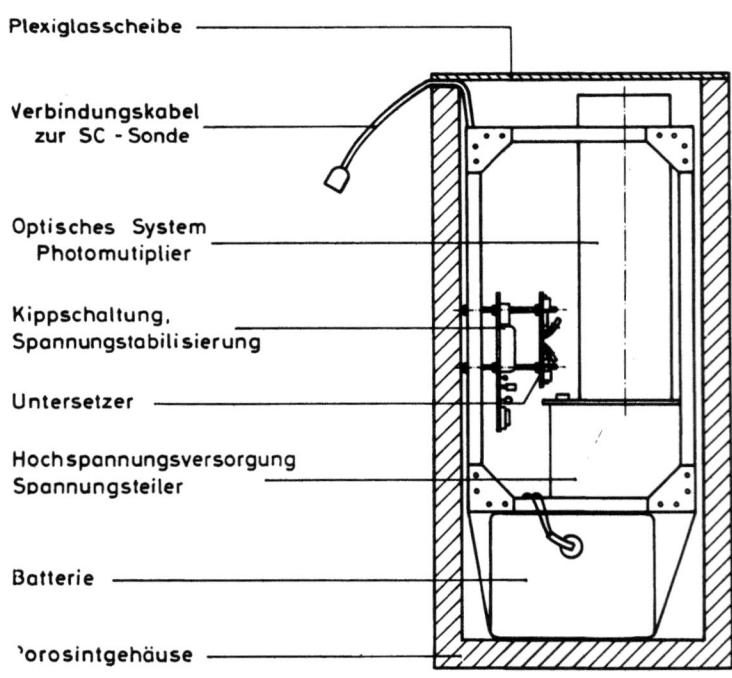

Abb. 32: Der Aufbau der Polarlichtsonde.

ches das optische System enthält, verbunden. Das Gehäuse ist zur Vermeidung von Glimmentladungen während eines Aufstiegs mit entgastem Paraffinöl gefüllt. Unter der Sonde befindet sich die Batterie. Der gesamte Aufbau ist von einem Porosintkasten von 2 cm Stärke umgeben, der oben mit einer polierten Plexiglasscheibe abgedeckt wurde.

8.3 Die optischen Systeme des Bodenphotometers

Die beiden optischen Systeme des Bodenphotometers unterscheiden sich lediglich in der Durchlaßwellenlänge ihrer Interferenzfilter. Die Systeme enthalten (Abb. 33) je ein Interferenzfilter (3914 Å bzw. 6300 Å) unter denen sich je eine Linse befindet. Die Lochblenden in den Brennebenen dieser Linsen bestimmen die Öffnungswinkel, die für jedes System $10°$ betragen. Die Geometriefaktoren wurden unter Berücksichtigung der Transmissionsgrade der Interferenzfilter und der Reflexionsverluste an den Linsen für die Wellenlängen $\lambda = 3914$ Å und $\lambda = 6300$ Å berechnet. Die Geometriefaktoren und die Empfindlichkeiten der Photokathoden sind in der Tabelle 2 für die Wellenlängen 3914 Å und 6300 Å zusammengestellt.

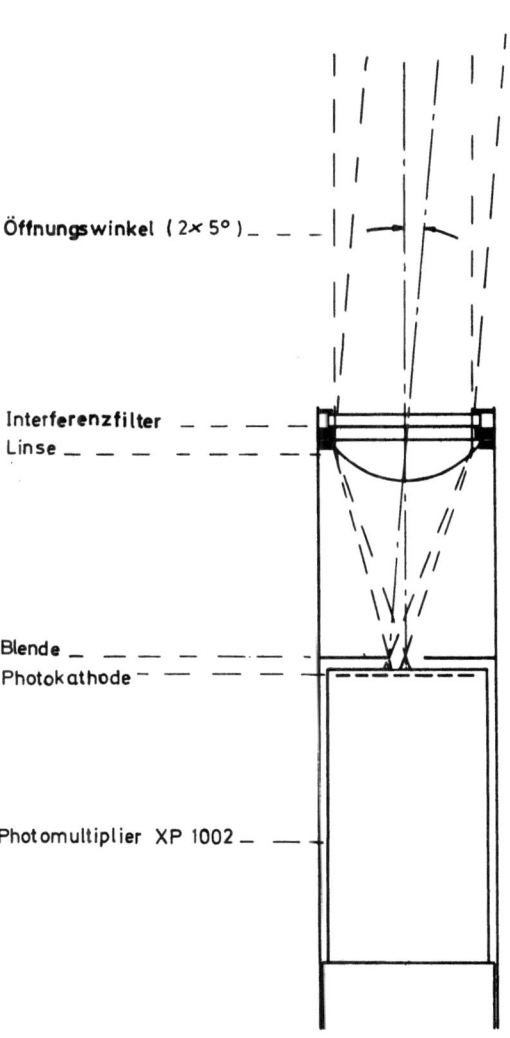

Abb. 33 : Ein optisches System des Bodenphotometers.

Tabelle 2

λ	G [Rayleigh^{-1}sec^{-1}]	E_K [$\frac{Coul}{Ph}$]
3914	$7 \cdot 10^3$	$3 \cdot 10^{-20}$
6300	10^4	$0,8 \cdot 10^{-20}$

Verzeichnis der Mitteilungen aus dem Max-Planck-Institut für Physik der Stratosphäre

---

Nr. 1/1953   Über den Beitrag der von u - Mesonen angestoßenen Elektronen zu den Ultrastrahlungsschauern unter Blei. G. Pfotzer

Nr. 2/1954   Ein Zählrohrkoinzidenzgerät zur Registrierung der kosmischen Ultrastrahlung. A. Ehmert

Eine einfache Methode zur Einstellung und Fixierung des Expansionsverhältnisses von Nebelkammern. G. Pfotzer

Nr. 3/1954   Optische Interferenzen an dünnen, bei $-190^0 C$ kondensierten Eisschichten. Erich Regener (vergriffen)

Nr. 4/1955   Über die Messung der Temperatur des atmosphärischen Ozons mit Hilfe der Huggins-Banden. H. Zschörner und H. K. Paetzold

Nr. 5/1956   Ein neuer Ausbruch solarer Ultrastrahlung am 23. Februar 1956. A. Ehmert und G. Pfotzer, vergriffen (erschienen Z. Naturforschung 11a, 322, 1956)

Nr. 6/1956   Das Abklingen der solaren Ultrastrahlung beim Ausbruch am 23. Februar 1956 und die geomagnetischen Einfallsbedingungen. A. Ehmert und G. Pfotzer

Nr. 7/1956   Die Impulsverteilung der solaren Ultrastrahlung in der Abklingphase des Strahlungseinbruches am 23. Februar 1956. G. Pfotzer

Nr. 8/1956   Die atmosphärischen Störunger und ihre Anwendung zur Untersuchung der unteren Ionosphäre. K. Revellio

Nr. 9/1956   Solare Ultrastrahlung als Sonde für das Magnetfeld der Erde in großer Entfernung. G. Pfotzer

*

Die vorstehenden Hefte können beim Max-Planck-Institut für Aeronomie, 3411 Lindau angefordert werden.

Mitteilungen aus dem Max-Planck-Institut für Aeronomie

Nr. 1 (S) 1959   Waibel: Messungen von Primärteilchen der kosmischen Strahlung.

Nr. 2 (S) 1959   Erbe: Auswirkung der Variationen der primären kosmischen Strahlung auf die Mesonen- und Nukleonenkomponente am Erdboden.

Nr. 3 (I) 1960   Kohl: Bewegung der F-Schicht der Ionosphäre bei erdmagnetischen Bai-Störungen.

Nr. 4 (I) 1960   Becker: Tables of ordinary and extraordinary refractive indices, group refractive indices and $h'_{o,x}(f)$-curves or standard ionospheric layer models.

Nr. 5 (S) 1961   Schröpl: Über eine Neubestimmung des Absorptionskoeffizienten von Ozon im Ultraviolett bei kleinen Konzentrationen.

Nr. 6 (S) 1961   Erbe: Ergebnisse der Ballonaufstiege zur Messung der kosmischen Strahlung in Weissenau und Lindau.

Nr. 7 (S) 1962   Meyer: Elektromagnetische Induktion eines vertikalen magnetischen Dipols über einem leitenden homogenen Halbraum.

Nr. 8 (I u. S) 1962   Dieminger und Mitarb.:   Die geophysikalischen Ereignisse des 12. - 14. November 1960.

Nr. 9 (S) 1962   Pfotzer, Ehmert, and Keppler: Time Pattern of Ionizing Radiation in Balloon Altitudes in High Latitudes. Part A, Text; Part B, Figures and Diagrams.

Nr. 10 (S) 1963   Waibel: Eine Ballonsonde zur Messung von Röntgenstrahlung und solarer Ultrastrahlung.

Nr. 11 (S) 1963   Voelker: Zur Breitenabhängigkeit erdmagnetischer Pulsationen.

Nr. 12 (S) 1963   Jaeschke: Registrierung von Pulsationen im südlichen Niedersachsen als Beitrag zur erdmagnetischen Tiefensondierung.

Nr. 13 (S) 1963   Meyer: Elektromagnetische Induktion in einem leitenden homogenen Zylinder durch äußere magnetische und elektrische Wechselfelder.

Nr. 14 (S) 1964   Kremser: Über den Zusammenhang zwischen Röntgenstrahlungs-Ausbrüchen in der Polarlichtzone und bayartigen erdmagnetischen Störungen.

Nr. 15 (S) 1964   Keppler: Messung von Röntgenstrahlung und solaren Protonen mit Ballongeräten in der Nordlichtzone.

Nr. 16 (S) 1964   Kirsch: Die Anisotropien der kosmischen Strahlung.

Nr. 17 (S) 1964   Guilino: Ausbau eines Wechsellichtmonochromators und seine Anwendung zur Messung des Luftleuchtens während der Dämmerung und in der Nacht.

Nr. 18 (S) 1965   Pfotzer and Ehmert: Measurements of High Energetic Auroral Radiations with Balloon-Borne Detectors in 1962 and 1963 Part A to C, Text; Part D, Figures and Diagrams.

Nr. 19 (I) 1965 Hartmann: Bestimmung wichtiger Satellitenpositionen mit Hilfe graphischer Darstellungen.

Nr. 20 (S) 1965 Keppler: Über die Eigenschaften von Zählrohren und Ionisationskammern in verschiedenartigen Strahlungsfeldern. - Zur Interpretation von Röntgenstrahlungsmessungen in Ballonhöhe in der Nordlichtzone.

Nr. 21 (S) 1965 Siebert: Zur Theorie erdmagnetischer Pulsationen mit breitenabhängigen Perioden.

Nr. 22 (S) 1965 Meyer: Zur 27 täglicher Wiederholungsneigung der erdmagnetischen Aktivität, erschlossen aus den täglichen Charakterzahlen C 8 von 1884-1964.

Nr. 23 (S) 1965 Frisius: Über die Bestimmung von Längstwellen - Ausbreitungsparametern aus Feldstärkemessungen am Erdboden.

Nr. 24 (I) 1965 Ma: Einfluß der erdmagnetischen Unruhe auf den brauchbaren Frequenzbereich im Kurzwellen-Weitverkehr am Rande der Nordlichtzone.

Nr. 25 (S) 1965 Kremser, Keppler, Bewersdorf, Saeger, Ehmert, Pfotzer, Riedler, Legrand: X - Ray Measurements in the Auroral Zone from July to October 1964.

Nr. 26 (I) 1966 Stubbe: Theoretische Beschreibung des Verhaltens der nächtlichen F - Schicht.

Nr. 27 (S) 1966 Wilhelm: Registrierung und Analyse erdmagnetischer Pulsationen der Polarlichtzone, sowie ein Vergleich mit Bremsstrahlungsmessungen.

Nr. 28 (S) 1967 Fabian: Über eine neue Ozonradiosonde und Untersuchung von Lufttransporten in der unteren Stratosphäre.

Nr. 29 (S) 1967 Specht: Über die Absorptions- und Emissionsstrahlung der atmosphärischen Ozonschicht bei der Wellenlänge 9,6 μ.

Nr. 30 (I) 1967 Rose und Widdel: Ein Meßgerät zur Bestimmung der Strömungsgeschwindigkeit in kurzen Rohren (Ionenzählern) bei niedrigem Gasdruck.

Nr. 31 (I) 1967 Hartmann: Die Amplitudenregistrierungen des Satelliten Explorer 22, unter besonderer Berücksichtigung der Effekte, die bei Elevationswinkeln kleiner als 45° auftreten.

Nr. 32 (I) 1967 Rüster: Lösung von Bewegungsgleichungen und Kontinuitätsgleichung der F - Schicht mit speziellen Anwendungen auf erdmagnetische Baistörungen.

Nr. 33 (S) 1968 Müller: Zur Modulation der kosmischen Strahlung.

Nr. 34 (S) 1968 Münch: Statistische Frequenzanalyse von erdmagnetischen Pulsationen.

Nr. 35 **(S)** 1968 Schreiber: Das Magnetfeld des Ringstroms während der Hauptphase erdmagnetischer Stürme und ein Vergleich mit dem beobachteten D_{st}-Anteil des Störfeldes.

Nr. 36 **(I)** 1968 Elling: Spezielle Näherungsformeln der Appleton-Hartree-Gleichungen zur Interpretation der Absorption einer Mittelwellenausbreitung im nächtlichen E-Gebiet der Ionosphäre.

Nr. 37 **(I)** 1968 Jones: Application of the Geometrical Theory of Diffraction to Terrestrial LF Radio Wave Propagation.

Nr. 38 **(S)** 1969 Zürn: Zum weltweiten Auftreten erdmagnetischer Pulsationen vom Typ pc 4.

Nr. 39 **(S)** 1969 Tiefenau: Untersuchungen an Kanal-Elektronen-Vervielfachern.

Nr. 40 **(S)** 1970: Sonderheft zum 60. Geburtstag von Herrn Prof. Dr.-Ing. G. Pfotzer am 29. November 1969 und Herrn Prof. Dr.-Ing. A. Ehmert am 6. März 1970.

Nr. 41 **(S)** 1970 Stratmann: Berechnung des Wellenfeldes eines Längstwellensenders im Entfernungsbereich bis 1000 km zur kontinuierlichen Sondierung der tiefen Ionosphäre durch Feldstärkemessungen in geeigneten Entfernungen vom Sender.

Nr. 42 **(S)** 1970 Pruchniewicz: Über ein Ozon-Registriergerät und Untersuchung der zeitlichen und räumlichen Variationen des Troposphärischen Ozons auf der Nordhalbkugel der Erde.

If you have any concerns about our products,
you can contact us on
ProductSafety@springernature.com

In case Publisher is established outside the EU,
the EU authorized representative is:
Springer Nature Customer Service Center GmbH
Europaplatz 3, 69115 Heidelberg, Germany

Printed by Libri Plureos GmbH
in Hamburg, Germany